生态文明教育科普读本

WOMEN DE SHENGTAI JIAYUAN

我们的生态家园

林媚珍　周　慧　吴志峰◎编著

珍贵的热土
洁净的空气
丰富的水资源
……

我们赖以生存的家园
需要大家一起呵护

U0316086

南方日报出版社
NANFANG DAILY PRESS
中国·广州

图书在版编目（CIP）数据

我们的生态家园/林媚珍，周慧，吴志峰编著. —广州 ：南方日报出版社，2016.12
（生态文明教育科普读本）
ISBN 978-7-5491-1428-3

Ⅰ．①我… Ⅱ．①林… ②周… ③吴… Ⅲ．①生态环境建设－中国－青少年读物
Ⅳ．①X321.2-49

中国版本图书馆CIP数据核字(2016)第164602号

WOMEN DE SHENGTAI JIAYUAN
生态文明教育科普读本

我们的生态家园

林媚珍 周 慧 吴志峰 编著

出 版 人：周洪威
出版统筹：周山丹
责任编辑：方 明
　　　　　曹 星
责任技编：王 兰
责任校对：王 燕
封面设计：邓晓童
出版发行：南方日报出版社
地　　址：广州市广州大道中289号
电　　话：（020）83000502
经　　销：全国新华书店
印　　刷：广州市怡升印刷有限公司
开　　本：787 mm×1092 mm　1/16
印　　张：12.5
字　　数：190千字
版　　次：2016年12月第1版
印　　次：2016年12月第1次印刷
定　　价：30.00元

投稿热线：（020）83000503　读者热线：（020）83000502
网址：http://www.nfdailypress.com/
发现印装质量问题，影响阅读，请与承印厂联系调换。

生态文明，是人类文明发展的一个新阶段，它延续了人类社会原始文明、农耕文明、工业文明的历史血脉。建设生态文明，是建设美丽中国，实现"国家富强、民族复兴、人民幸福"伟大中国梦的必由之路。

从"发展是硬道理"到"科学发展观"，再到"建设生态文明的中国特色环保新道路"，生态文明实现了从理念到战略的提升。党的十八大召开时，报告中明确提出："建设生态文明，是关系人民福祉、关乎民族未来的长远大计。面对资源约束趋紧、环境污染严重、生态系统退化的严峻形势，必须树立尊重自然、顺应自然、保护自然的生态文明理念，把生态文明建设放在突出地位，融入经济建设、政治建设、文化建设、社会建设各方面和全过程，努力建设美丽中国，实现中华民族永续发展。"

广东省作为改革开放的排头兵，在经济发展领跑全国的同时，也深刻认识到"践行生态文明，建设美丽广东"的重要性和迫切性。为此，我们编写了这本具有浓郁的广东特色，内容丰富多彩，形式与时俱进、生动有趣，寓教于乐，注重引导大家认识广东的生态，关注广东的生存发展，选择和形成有助于实现经济社会可持续发展的良好生活方式的科普读物，相信青少年读后会觉得十分自然、亲切、科学、实用。

本书立足广东，面向全国。内容上，以广东的生态环境与生态问题为选点，从生态家园的角度，向青少年介绍我们身边的土地、空气、水、生物、海洋、能源、自然灾害等生态环境和绿色生产、生活方式，使青少年了解良好的生态环境对人类可持续发展的重要性。同时也告知人类在发展的过程中，也伴随着土地退化、淡水资源紧缺、温室效应、生物多样性锐减、有机污染、能源危机、自然灾害频发等生态问题，并介绍国内外相关的成功经验，以拓宽青少年的生态视野，培养青少年爱乡爱国情感和全球意识。写作特色上，以青少年喜闻乐见的故事、漫画、图片等形式，并配以优美的文字、案例，向青少年呈现身边的生态家园状况，并引导青少年思考身边的生态问题。

全书共分九章，从九个方面对我们身边的生态家园进行介绍：珍贵的热土、清洁的空气、丰富的水资源、多样的物种、美丽的海洋、宝贵的能源、频发的自然灾害、绿色的生产、低碳的生活。

本书为"广州市科技计划项目——科普与软科学专项立项"项目，在编写过程中得到李文翎、方碧真、林淑玲、徐国良、施美彬、沈璐璐、周丽晖、巫松添、颜兴文等同志的大力支持，他们提供了宝贵的资料。有些资料来自于网络，在此对所有支持者表示衷心的感谢！

由于编者水平有限，疏漏之处在所难免，恳请读者批评指正，作者将不胜感激。

编者

目录

第一章 珍贵的热土

土地是人类栖息的场所，是人类繁衍的源泉，是社会生产的劳动资料，是不可再生的资源。在北京中山公园内的"五色土"社稷坛，不仅反映了中国古代人们对土地的崇拜，也象征着全中国的疆土。从《诗经》的记载里，我们可以看到，早在 3000 年前的宗周时期，土地的所有权，就属于周天子和他所分封的国君，所谓："普天之下，莫非王土；率土之滨，莫非王臣。"而当时的生产情况则是："噫嘻成王，既昭假尔。率时农夫，播厥百谷。骏发尔私，终三十里。亦服尔耕，十千维耦。"

 一、什么是土地资源

土地资源是人类最宝贵的自然资源之一，有些能直接为人类生产和生活所利用，并能产生效益，如耕地、林地、草地、城市交通用地、建筑用地、绿化用地等。有些暂时还不能利用，如荒草地、盐碱地、沙地等。但是，当人类社会发展到一定程度，随着科学技术的发展，这些难以利用的土地说不定也会派上用场。

交通用地

水稻田

建设用地

鱼塘

知识卡 土地的类型

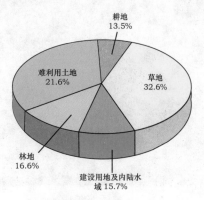

我国土地利用比重

按土地利用地域单元的功能或用途来划分，可分为耕地、林地、草地、城市交通用地、建筑用地、绿化用地等。

耕地是指种植农作物的土地，包括熟地，新开发、复垦、整理地，休闲地（含轮歇地、轮作地），临时种植药材、草皮、花卉、苗木等的耕地，以及其他临时改变用途的耕地。

林地是指生长乔木、竹类、灌木、沿海红树林的土地。草地是指用于牧业生产的土地或自然界各类草原、草甸、稀树干草原。建筑用地是指建造建筑物、构筑物的土地，它包括城乡住宅和公共设施用地，工矿用地，能源、交通、水利、通信等基础设施用地，旅游用地，军事用地等。绿化用地是指公园、动植物园、陵园、风景名胜、防护林、水源保护林以及其他公共绿地等用地。

小故事 盘古开天辟地

传说在遥远的太古时期，天地不分，宇宙像一个大鸡蛋，鸡蛋内处于分不清东西南北、上下左右的混沌状态，且不分白天与黑夜，漆黑一

盘古开天辟地

盘古稳固天地

片。在这混沌与漆黑内，孕育了一个名叫盘古的英雄。当他睁开眼睛，发现眼前漆黑一片；当他伸展手脚，发现鸡蛋壳紧紧地包着他的身体。这一切令他非常不舒服，他抓起随身的一把大斧用力一挥，只听得一声震耳欲聋的巨响，鸡蛋骤然破裂，鸡蛋内轻而清的物质向上飘升，变成了天空，鸡蛋内重而浊的物质逐渐下沉，变成了大地。开天辟地后的盘古非常高兴，但他害怕天地会重新变回混沌与漆黑，就用头顶着天，用脚踏住地，显起神通，身体不断长高。经过了一万八千年，盘古长成了一个顶天立地的巨人，又经过了不知道多少万年，盘古终于稳固了天地，但他太累了，筋疲力尽，倒在地上。临死时，他的左眼变成了火红的太阳，右眼变成了皎洁的月亮，头发和胡须变成了闪烁的星辰，呼出的最后一口气变成了清风和白云，发出的最后声音变成了雷电，头和手足变成了高山与平原，血液变成了江河与湖泊，肌肉化成了肥沃的土地，皮肤和体毛化作森林与植物，牙齿骨头化作宝贵的矿藏，汗水变成了雨水和甘露。

 二、土地为我们奉献了什么

土地是我们的母亲，它用甘甜的乳汁哺育着我们，用有力的臂膀呵护着我们，它把一切都无私地奉献给了我们，它是我们人类发展和传承文明的地方。

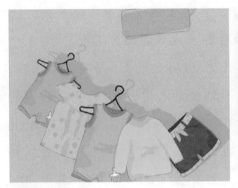

土地为我们提供了衣食住行的基础

土地是神奇的。春的萌发，夏的生长，秋的收获，冬的休眠，一年四季，无时不在给地球的生灵以食物。这些食物不仅仅呈现给人类，也呈现给天上飞的、地上爬的、水里游的生物。

大地不仅有着人类母亲丰富的乳汁，而且还有着人类母亲美丽的容颜。岭南大地无论是高山还是平原，无论是山地还是盆地，土地都有着它独特的风姿，或雄壮或柔美，或俊逸或秀丽。

知识卡 我国土地资源的特点

我国土地资源绝对数量较大，人均占有量小；我国地形错综复杂，地貌类型多；山地多，平地少；各类土地资源分布不平衡，土地生产力水平低；宜开发为耕地的后备土地资源潜力不大。

我国陆地总面积约960万平方千米（144亿亩），居世界第三位，但人均占有土地面积约为12亩，不到世界人均水平（约40亩）的1/3。我国海拔小于500米、海拔在500～4000米、海拔大于4000米的土地面积分别占土地总面积的27.1%、51.7%、20.2%（未包括1%的水域）。以耕地为例，我国大约有20亿亩的耕地，其中90%以上分布在东南部的湿润、半湿润地区。在全部耕地中，中低产耕地大约占耕地总面积的2/3。在大约5亿亩的宜农后备土地资源中，可开发为耕地的面积仅约为1.2亿亩。

小故事 五羊衔谷

大约在周朝时，广州连年灾荒，田野荒芜，农业失收，人民得不到温饱。一天，南海的天空忽然传来一阵悠扬的音乐，出现了脚踏祥云的五位仙人，他们分别骑着口衔稻穗的仙羊，降临广州。仙人把优良的稻穗赠给了广州人，并祝愿这一地区永无饥荒，祝罢仙人腾空飞逝，五只仙羊化为石羊留在广州山坡。从此，广州稻穗飘香，年年丰收。广州地处亚热带季风气

五羊雕像

候区，以亚热带季风水田农业为主，多种植一年二熟或一年三熟的水稻。水稻原产于东南亚，后来逐渐传播到世界各地，它喜高温、多湿、短日照，一般以水稻土种植较好。水稻可以分为籼稻和粳稻、早稻和中晚稻、糯稻

稻田

和非糯稻。水稻所结籽实即稻谷，稻谷（粒）去壳后称大米、香米、稻米，世界上近一半的人口都以大米为食。为了确保我国以仅占世界7%的土地能够养活占世界22%的人口，我国科学家袁隆平将全部心血致力于杂交水稻的研究，常年在农田进行科学试验，终于研究出了亩产量高的"东方魔稻"，袁隆平也因其卓越的贡献被誉为"世界杂交水稻之父"。水稻除可以食用外，还可以作为酿酒、制糖的工业原料，稻壳、稻秆也可以作为饲料用于喂养牲畜。

三、我们身边的土地

岭南地处热带、亚热带地区，背山面海，受海洋水汽影响大。北回归线横贯广东省中部，因此土地获得的光、热、雨充足，对生物生长极为有利，生物品种繁多，土地适宜性广，种植业比较兴旺。我省大部分土地粮食一年三熟，土地生产潜力高，作物与畜禽可全年生长，更新速度快，农业生产自然条件良好。广东省是我国对外

交往的南大门，毗邻港澳，靠近东南亚，对外交通便利，有利于发展外向型经济，土地利用受对外开放的影响明显，经济效益高。

南岭国家森林公园

山区梯田茶园

阳江闸坡沙滩

珠江三角洲平原

比例尺 1：6 360 000

比例尺 1：6,300,000

知识卡 保 18 亿亩耕地红线

2009 年 6 月 23 日，国务院新闻办公室举行新闻发布会，国土资源部提出"保经济增长、保耕地红线"行动，坚持实行最严格的耕地保护制度，耕地保护的红线不能碰。国务院印发第三版《全国

"土地日"宣传活动

土地利用总体规划纲要（2006—2020年）》，对未来15年土地利用的目标和任务提出6项约束性指标和9大预期性指标。6项约束性指标集中在耕地保有量、基本农田保护面积、城乡建设用地规模、新增建设占用耕地规模、整理复垦开发补充耕地义务量、人均城镇工矿用地等主要调控指标中。其核心是确保18亿亩耕地红线——中国耕地保有量到2010年和2020年分别保持在18.18亿亩和18.05亿亩，确保15.60亿亩基本农田数量不减少，质量有提高。

🐝 小故事 珠江三角洲的基塘农业

珠江三角洲地处热带和亚热带季风气候区，水热条件充足，地形以三角洲平原和低山丘陵为主，河网密布，地势低洼。勤劳智慧的珠江三角洲人民，根据生活所在地的自然条件特点，自明清时期开始，就把种桑、养蚕、养猪和养鱼有机地结合起来，形成了生态农业的雏形——基塘农业，实现了资源的循环利用，提高了

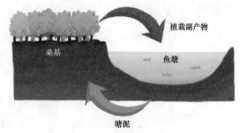

基塘农业资源循环示意图

农业生产的经济效益，推动了当地社会经济的发展。史载："顺德地方足食有方，……皆仰人家之种桑、养蚕、养猪和养鱼，……鱼、猪、蚕、桑四者齐养。"人们将一些河涌堵塞地修筑成"塘"，或圈筑河旁来修筑成"塘"，或将低洼地深挖成"塘"。人们在"塘"

基塘农业风光

中养鱼，将"塘"中挖出的泥土堆在四周成"基"，并在"基"上种桑、种蔗、种果树等作物，形成了桑（桑树）基鱼塘、蔗（甘蔗）基鱼塘、果（水果）基鱼塘等类型的基塘农业。随着科学技术的发展，现代基塘农业的"基"和"塘"发生了变化，体现为"基"作物多样化，"塘"鱼养殖科学化，实现了珠三角地区自然与经济的可持续发展。

四、我们面临的土地退化问题

土地是人类生活和生产活动的自然资源宝库，是一切生活资源和生产资源的源泉。土地的类型主要有耕地、草地、林地、建筑用地和交通用地等。但随着经济的发展，人类过度开发和使用土地，造成土地日渐退化，主要表现为土地荒漠化和水土流失。

问题1：土地荒漠化

土地荒漠化是土地退化的一种表现，是由于气候变化和人类不合理经济活动等因素造成干旱、半干旱、半湿润

河源的村民用铁棍撬起板结的土壤

粤北山区村民遭遇石漠化威胁

地区土地生产力下降，土地资源丧失，地表呈类似荒漠景观的土地退化过程。

荒漠化是一个动态发展过程，其实质是土地退化，分布在干旱、半干旱地区，形成原因是自然因素和人类活动的共同作用，表现为土地荒漠化、石质荒漠化和次生盐碱化。

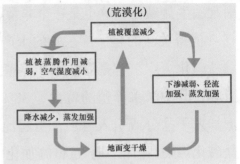

荒漠化的形成过程

造成荒漠化的自然因素是异常的气候条件，特别是严重的干旱条件，由此造成植被退化，风蚀加快，引起荒漠化。

气候变异等自然因素为荒漠化的发展创造了条件，而人类活动则大大加剧、加速了这一过程的发展。事实上，在荒漠化的发生、发展过程中，人类活动常常起决定作用。

可能造成土地荒漠化的人类活动

人为因素既包括来自人口激增对环境的压力，又包括过度樵采、过度放牧、过度开垦、矿产资源不合理开发，以及水资源不合理利用等人类的不当活动。

就全世界而言，过度放牧和不适当的旱作农业是造成干旱和半干旱地区发生荒漠化的主要原因。另外，在干旱、半干旱地区由于灌溉不当，导致地下水位上升，把地下的盐分带到地表来，在强烈

的阳光照射下水分蒸发，盐分留在地表，使地表土壤中盐分增多，引起次生盐碱化，这也是一个非常严重的问题。

值得关注的是，广东省的水产养殖和过量施加化肥经常导致土壤盐碱化。广东省是海洋水产养殖大省，对虾的年养殖产量达到20万吨，其中淡水养殖的就占了38%。在某些品种的养殖过程中，池塘加入了盐分或引入海水，引起池塘附近土壤性质改变，甚至出现盐碱化污染，腌坏土地。过量施加化肥是土壤板结和碱化的重要根源。

问题2：水土流失

水土流失是土地退化的另一种表现，是由于不利的自然因素和人类不合理的经济活动，特别是对水土资源不合理的开发和经营，使土壤的覆盖物遭受破坏，裸露的土壤受水力冲

水土流失

蚀，造成地面的水和土离开原来位置的现象。

人类对土地不合理的利用，破坏了地面植被和稳定的地形，以致造成严重的水土流失，其自然因素主要有地形、降雨、土壤、植被四个方面。

地形因素：地面坡度越陡，地表径流的流速越快，对土壤的冲刷侵蚀力就越强。坡面越长，汇集地表径流量越多，冲刷力也越强。

降雨因素：产生水土流失的降雨，一般是强度较大的暴雨，降雨强度超过土壤渗入强度才会产生地表径流，造成对地表的冲刷侵蚀。

土壤因素：土质的疏松是水土流失的基本条件。

植被因素：达到一定郁闭度的林草植被有保护土壤不被侵蚀的作用，郁闭度越高，保持水土的能力越强。

五、我们对土地退化的担忧

土地退化已成为严重的全球性环境问题之一，全球共有 20 亿公顷的土地受到土地退化的影响，即全球农田、草场、森林与林地总面积的约 22% 发生了不同程度的退化。土地退化的直

土地退化

接后果是土地生产力的大幅度下降，在过去 50 年中，由于土地退化而导致的全球农业产量下降幅度为 11.9% ～ 13.4%。此外，土地退化还造成如河流与湖泊淤积、土壤有机碳储量变化、特殊生境消失以及生物多样性丧失等其他环境与生态问题，对人类的生存与可持续发展造成极大威胁。

我国由于不合理的开发利用方式与自然因素共同作用所造成的土地资源退化面积高达 80.88 亿亩，占全国土地总面积的 56.2%。其中，水土流失面积 27 亿亩，荒漠化土地面积 5.01 亿亩，土壤盐碱化面积 14.87 亿亩，草场退化面积 30 亿亩，土壤污染面积 4 亿亩。这些退化过程所涉及的耕地有 10 多亿亩，占耕地总面积的一半。考虑到重复计算，如果以 10% 扣除后，则我国土地资源退化面积为 73 亿亩，占全国土地总面积的 50.7%。近二三十年来，人口大量增加和粗放的增长方式，使我国土地资源的退化状况愈趋严重。

实例 1：梅州市五华县水土流失

五华县水土流失

五华县位于广东省粤东北部，地处韩江上游，是广东省荒山面积最大、水土流失最严重的一个县。由于滥开荒地，滥伐森林，盲目向山要粮，在禁垦坡度内开垦荒地等不合理利用土地资源的情况，地表植被接二连三遭到了周期性的破坏，因土壤侵蚀而引起全县的土地退化、盐渍化和土地沙化现象十分严重。这不仅加剧了土壤侵蚀地区的人口、土地与粮食的矛盾，而且还导致了严重的生态、社会和经济问题，对当地开展水土资源综合利用和农业生产的持续发展都产生严重的制约。

实例 2：水土流失与地上悬河

中国最高的悬河，指黄河流经开封的一段，位于开封市北 10 千米处黄河南岸的柳园口。这里河面宽 8 千米，大堤高约 15 米。由于黄河冲出郑州邙山后进入平原，落差骤然变小，泥沙大量沉积，致使开封段的黄河河床以每年 10 厘米的速度增高，日积月累，此处的河床已高出开封市区地平面 7～8 米，最高处达

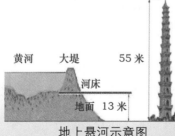

地上悬河示意图

10米以上，从而导致两岸大堤日渐增高。因黄河被两岸大堤夹护着从开封城北高处汹涌流过,形似天河,故世人将这种人工奇观称为"悬河"。黄河下游地上悬河的形成，究其原因是黄河夹沙量大，每年约16亿吨泥沙的1/4堆积在这一段坡降不大、水流平缓的河床中，河底逐年淤垫。

六、呵护土地退化的行动

随着工业的发展和城市化进程的加快，社会经济高速发展，对土地的需求不断扩大，导致人与土地的矛盾日益突出，出现了土地退化等现象，土地荒漠化和水土流失严重。面对土地荒漠化和水土流失等问题，我国出台了《土地管理法》，并针对各种土地资源问题，采取了各种土地资源保护措施。比如，曾为全国水土流失重灾区的广东，因为治理水土流失卓有成效而得到全国认可。广东省政

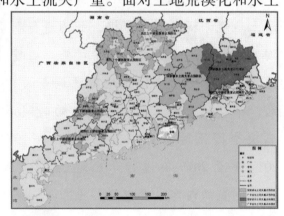

广东省水土流失重点防治区划分图

府把全省水土流失重点防治区划定为"三大块"，进行分类指导：北江和东江上游地区为重点预防保护区；珠江三角洲及南部沿海地区为重点监督区；粤东、粤西的8902平方千米严重水土流失的西江流域为重点治理区，并实行预防、监督、治理相结合。经过几年来

分类治理整顿，水土流失严重的整体状况已得到初步遏止，各地已显露出摆脱边治理边破坏恶性循环的好苗头，开始走出破坏猛于治理的误区。通过"划三大地区分类指导、预防监督治理相结合"的举措，在一定程度上遏制了生态环境恶化蔓延的趋势，取得了明显效果。

为实现中华民族伟大复兴的"中国梦"，结合全国土地日，广东做出了节约优先战略，建设资源节约型社会，增强全民节约集约用地意识，提升节约集约用地水平，确保经济社会可持续发展的战略抉择。

知识卡 土地资源调查和土地利用规划与整理

为了合理调整土地利用结构和农业生产布局，为制订农业区划和土地规划提供科学依据，并为进行科学的土地管理创造条件，我国每十年开展一次土地资源调查。目前，我国共开展了两次土地资源调查，第一次全国土地资源调查的时间是 1984 年 5 月至 1997 年底，第二次全国土地资源调查的时间是 2007 年 7 月至 2009 年，第三次全国土地资源调查将于 2017 年至 2019 年进行。土地资源调查的内容主要包括：土地利用现状调查、土地质量调查、土地评价及土地监测等。为了保证土地资源调查的顺利开展，2009 年 6 月，国土资源部颁布了《土地调查条例实施办法》。

土地合理利用

小故事 南昆山由来的传说

相传远古的时候，南昆山是一片荒漠，人们深受风沙之害。有一户姓蓝的人家，为解脱风沙之害，种了许多竹子、树木，都没成活，这令全家人愁容满面。有一天，全家人一起商量对策，儿女问："有什么东西适宜在荒漠中种植呢？"老父亲说："听说很远的福建有一种毛竹，耐旱、贱生，易成林，要是有了那种竹苗，我们就不用忧愁了。"儿子蓝瀵勇敢地说："那我就去福建找竹苗。"于是，蓝

南昆山风光

瀵辞别父母兄弟，跋山涉水，历经千辛万苦，来到福建，采集了竹苗，返程回乡。不料途中碰上大风暴，船上其余人都遇难了，蓝瀵也被一阵狂风卷到了昆仑山巅。待他醒来时，看到脚下千山万壑，头顶白云朵朵，不知如何是好。他想起全家人的愿望成了泡影，号啕大哭，哭得天旋地转。昆仑山神被哭声惊动，化作一老翁，上前询问："年轻人，你有什么伤心事？"蓝瀵止住了哭声，叙述事情的原委，请求老翁帮忙。山神很感动，给了他一张昆仑图，告诉他按图在荒漠垒六十六座高六尺的山，用大石头做筋骨，用泥土做肌肉，种下不同的草木花卉，刺破手指头，上山滴上六滴血，就会出现绿洲。蓝瀵回到家乡，带领家人，把一块块大石头运进荒漠，掘开表层沙土，从深处掏出黑泥，按图垒成山。然后，全家人分头四处寻找各种各样的草木花卉，种到山上。种毕，蓝瀵刺破手指头，照山神的吩咐上山滴血，当他在最后一座山滴落六滴血时，荒漠不见了，变成一座座山峰。他高兴得流下泪水，泪水滴落的地方，转眼变成山泉，

涌出清甜的泉水。人们为了纪念这位舍身为人的青年，把这里叫蓝漢山，又因是按昆仑图造成，亦称作南昆山。

七、成功的治理经验

各个国家都在积极研究与不断探讨土地退化防治的对策和措施，并形成了不同类型的防治模式，如政府主导型、科技主导型、产业主导型等范式，积累了成功的经验。

经验1：政府主导型——美国、加拿大和德国

美国是受荒漠化严重影响的国家。从20世纪30年代开始，美国制定了专门的法律，如限制土地退化地区的载畜量，调整畜禽结构，推广围栏放牧技术；引进与培育优良物种，恢复退化植被；实施节水保温灌溉技术，保护土壤，节约水源；禁止乱开矿山、滥伐森林等。另外，国家鼓励私有土地者种草植树，在技术、设备、资金上予以大力支持。美国荒漠化防治策略体现为：以防为主，治理为辅；集中开发，保护耕作；大片保护，公私双赢。这些政策和措施有力地促进了土地的合理利用，有效地遏制了土地荒漠化的急速扩展。

美国加州公路风光

加拿大是较早开始防治荒漠化的国家，成为全球防治土地退化的最佳案例之一。政府部门建立了专门的土壤保护机构和协调机制，

针对容易退化的林业用地、农业用地和矿区土地制定了全面有效的管理和保护政策，取得了良好效果。联邦政府和省政府启动了大批土壤保护计划和项目，综合运用优化管理方法、营造防护林、改造河岸地与草场、保护农业耕作等实际措施恢复退化的土地，并遏止土地退化发展势头。加拿大防治土地退化是通过政府实施的，联邦政府、省级政府以及农场复垦管理部门在大部分计划和项目中发挥了重要作用。

德国号召回归自然，1965 年开始大规模兴建海岸防风固沙林等林业生态工程。造林款由国家补贴（阔叶树 85%，针叶树 15%），免征林业产品税，只征 5% 的特产税（低于农业 8%），国有林经营费用 40% ～ 60% 由政府拨款。

经验 2：科技主导型——以色列和印度

以色列的荒漠化面积占其国土总面积的 75%，他们采用高技术、高投入战略，合理开发利用有限的水土资源，在被世人视为地球癌症的荒漠地区创造出了高产出、高效益的辉煌成就。为了提高荒漠地区的产出，科技人员大力研究开发适合本地种植的植物资源。目前，以色列的农产品和植物开发研究技术处于国际领先水平，从而保证农牧林产品的优质化、多样化，在欧洲占据很大市场份额，取得高额回报，并且使荒漠化的治理和农业综合开发得到了有机结合，迈入了良性循环的发展轨道。

印度在治理荒漠化方面也取得了明显成效。目前，印度已利用卫星编制了荒漠化发生发展系列图，基本摸清了不同土地利用体系下土壤侵蚀过程及侵袭程度；开发了一系列固定流沙的技术，如建

立防风固沙林带，即沿大风风向，垂直营造多层次的由高大乔木和低矮灌木、灌丛组成的林带，建起绿色屏障，以减缓风速，减低风力，抵御风沙。印度西部干旱严重的拉贾斯坦邦地区在治理和固定流沙地方面的效果明显，既维持了生态平衡，又改造了大片流沙地，达到了可持续土地利用与环境保护的目的。

经验3：产业主导型——澳大利亚和土库曼斯坦

澳大利亚的干旱、半干旱土地面积占国土面积的75%，对沙区基本上实行以保护为主的管理办法，政府每年投资开展水、土和生物多样性保护项目建设，建立农垦区、示范区和沙漠公园，利用沙漠独特的景观吸引游客。

土库曼斯坦国土面积的90%为沙漠和荒漠化土地，农业主要以棉花和畜牧业为主。在荒漠化防治中，土库曼斯坦编制了防治荒漠化国家行动方案，不断增加农田灌溉面积以及退化水浇地的复垦，并于1954年开始新建卡拉姆运河，调水到西部灌溉5250万亩的荒漠草场和1500万亩的新农垦区，并改善10,500万亩草场的供水条件，运河两岸成为以棉花为主的农业基地。

从上述几国的经验可以看出：政府在沙漠化治理过程中发挥着举足轻重的作用，政府是多种利益关系的平衡者。同时，科技是一项必备的战略武器，科技能够增强人自身的防御能力，同时也能改造自然。针对各国土地退化防治的相关法律政策及成功经验，选择美国、以色列和澳大利亚作为典型案例，对其土地退化防治模式进行总结，以期对我国的土地退化防治提供有益的借鉴。

第二章 清洁的空气

空气是需氧生物每天都呼吸的"生命气体"。地球上的绿色植物呼吸空气中的二氧化碳与阳光、水合成供身体生长的营养物质，并呼出氧气；人类和其他动物呼吸空气中的氧气，维持生命的繁衍。空气令地球生机盎然，绿树成荫，繁花似锦。

一、什么是空气

存在于我们身边的空气，看不见、摸不着，但当微风吹过的时候，我们会看到河塘边的柳树随着空气的流动而随风起舞。

空气是指地球大气层中的气

柳树随风起舞

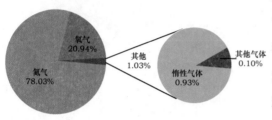

空气的组成

体混合，它的主要成分是氮气和氧气，还有二氧化碳和氦、氖、氩、氪、氙、氡等稀有气体。空气的成分会随着高度和气压的变化而改变，空气的组成比例也会改变。在自然状态下，空气是无色无味的。

不含水蒸气的空气被称为干空气，液态空气则是一种易流动的浅黄色液体。通常用 RH 为单位表示空气的湿度，湿度越大，表示空气越接近饱和状态；相反，湿度越小，空气越干燥。

知识卡 大气的垂直分层

空气分层包裹在地球表面，这一层层包裹着地球表面的空气被称为大气层。从地面到 10 ～ 12 千米以内的空间叫对流层，它主要有云、雨、雪、雹等天气现象。从对流层到大约 50 千米高的空间叫平流层，这一层空气稀薄，天气现象少，飞机主要在这一层飞行，同时这里有一种叫作臭氧的气体，它可以吸收太阳光中的紫外线。

从平流层到约80千米高的空间叫中间层，这一层温度随高度增加而降低，但可以将无线电波反射到世界各地。从中间层到约500千米左右的空间叫作热层，这一层内温度很高，昼夜变化很大。离地面500千米以上的空间叫外大气层，也叫磁力层，是大气层向星际空间过渡的区域，这里空气极其稀薄。

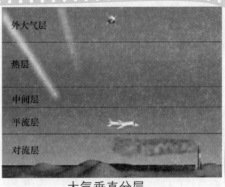

外大气层

热层

中间层

平流层

对流层

大气垂直分层

🎈 小故事 空气的发现

18世纪70年代，法国化学家拉瓦锡用定量实验的方法进行"钟罩实验"，测定了空气成分。钟罩实验过程：拉瓦锡把少量汞放在密闭容器中加热12天，发现部分汞变成红色粉末HgO，同时，空气体积减

拉瓦锡

金属汞　曲颈瓶
玻璃钟罩
汞槽
火炉

钟罩实验

少了1/5左右。通过对剩余气体的研究，他发现这部分气体不能供给呼吸，也不助燃，他误认为这全部是氮气。拉瓦锡又把加热生成的红色粉末收集起来，放在另一个较小的容器中再加热，得到汞和氧气，且氧气体积恰好等于密闭容器中减少的空气体积。他把得到的氧气导入前一个容器，所得气体和空气性质完全相同。通过实验，拉瓦锡得出了空气由氧

气和氮气组成，氧气占其中的 1/5。

1892 年，英国物理学家瑞利与拉姆塞在除掉氧气和氮气的空气中发现了一种极不活泼的新元素，定名为氩（拉丁文原意是"不活动"）。1898 年，拉姆塞和特拉弗斯在分馏液态空气时，先后发现了氪（拉丁文原意是"隐藏的"）、氖（拉丁文原意是"新的"）和氙（拉丁文原意是"生疏的"）。1899 年，欧文斯、卢瑟福、多恩等科学家在研究放射性物质时发现了一种放射性气体。1908 年，拉姆塞和格雷合作测定了密度，确定它是一种化学惰性的气体新元素，将它命名为氡（拉丁文原意是"发光"）。

二、健康生活从洁净空气开始

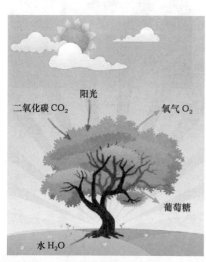

植物光合作用图

阳光

二氧化碳 CO_2

氧气 O_2

葡萄糖

水 H_2O

洁净空气对生命非常重要，人要想维持生命，每天需要大量的空气。一个成年人每天吸入的空气量为 10 ～ 15 立方米，约为每天吃入食物重量的 10 倍。人可以一周不吃饭、五天不喝水，但如果五分钟不呼吸新鲜空气，就会死亡。人一般呼吸空气中的氧气，呼出二氧化碳。当空气里二氧化碳的浓度太高时，人就会觉得呼吸困难或者不舒适，还可能会中毒。绿色植物是地球上唯一可以利用太阳光合成有机物的创造者，也是二氧化碳的吸收器以及氧气的制造工厂。绿色植物通过新陈代谢作用，对进入环境中的污染物质进行无害化处理，使污染的空气得到净化。

洁净的室内空气

现代社会，人的一生有 80% 的时间是在室内度过的，它是我们工作和休息的重要场所。据统计，一个人每天在室内呼吸的空气平均约 1 万升，所以，室内空气的洁净程度直接影响着我们的身体和心理健康。如果长时间生活在封闭、污浊的室内空气中，一是会降低身体的抗病能力，二是容易感染呼吸道疾病。

人在室内呼出的二氧化碳以及皮肤排出的汗液，加上日常生活中产生的灰尘、油烟异味，室内装修材料所持续散发出的甲醛、苯等，以及其他具有不良气味的挥发性物质，都会对室内空气造成污染。多种污染物不能及时净化，会使人体的健康受到损害。

知识卡 空气质量的评定

空气质量是根据空气中污染物浓度的高低来判断的，空气质量的好坏反映了空气污染程度。空气污染是一个复杂的现象，在特定的时间和地点，空气污染物浓度受到许多因素影响。其影响因素主要来自固定和流动污染源的人为污染物排放大小，这主要包括车辆、船舶、飞机的尾气、工业污染、居民生活和取暖、垃圾焚烧等，同时城市的发展密度、地形地貌和气象等也是影响空气质量的重要因素。

空气污染指数与影响表

污染指数	级别	空气质量	对人体健康的影响
0～50	一级	优	所有人群均可以正常活动
51～100	二级	良	所有人群均可以正常活动
101～150	三级	轻度污染	呼吸系统疾病患者应减少体力消耗和户外活动
151～200	四级	中度污染	心脏病、肺病患者和老年人，应停留在室内，并减少体力活动；健康人群中普遍出现不适症状
201～300	五级	重度污染	所有人的健康都会受到严重影响
＞300	六级	严重污染	所有人的健康都会受到严重影响

小故事 伦敦烟雾事件

英国位于欧洲西部大西洋沿岸的中纬度地区，属于温带海洋性气候。自18世纪60年代工业革命以来，煤炭成为英国工业家庭使用的核心燃料。在1952年12月4日至9日，首都伦敦上空受高压系统控制，受逆温层笼罩，大量工厂生产和居民燃煤取暖排出的有毒废气难以扩散，积聚在城市上空。

黑暗的迷雾笼罩伦敦城，路上汽车不能行驶，人们只能小心翼翼地沿着人行道摸索前进。大街上的电灯在烟雾中若明若暗，犹如黑暗中的点点星光。许多人感到呼吸困难、眼睛刺痛，出现哮喘、咳嗽等呼吸道症状的病人明显增

1952年12月4日至9日
毒雾笼罩着伦敦

多，进而死亡率陡增。据史料记载，从12月5日到12月8日的4天里，伦敦市死亡人数达4000人，在大雾过去之后的两个月内有8000多人相继死亡。此次事件被称为"伦敦烟雾事件"，成为20世纪十大环境公害事件之一。

三、我们身边的空气状况

岭南地处南亚热带地区，气候比较湿热，梅雨季节长，高温天气长，温差不明显，近年来室内空气污染呈上升趋势。环境专家提醒大家，岭南家庭要特别注意五种室内空气污染问题：第一种，甲醛、苯等装修、家具污染；第二种，流感菌、大肠杆菌等病菌细菌污染；第三种，油烟、异味污染；第四种，二手烟、尘埃污染；第五种，空调房、儿童房、写字楼污染。

知识卡 家具污染

家具污染是指新买的家具中有甲醛、氨、苯、TVOC等挥发性有机物气体，这些挥发性有机物气体属于污染物，它被人体吸收后，会导致人体发生头晕、恶心等不舒适状况。如，家具中用的人造板、油漆、黏合剂均含有一定量的甲醛，它是一种有强烈刺激性气味的气体，它会导致人体嗅觉异常、肺功能异常、肝功能异常、免疫功能异常，甚至引

室内空气污染的表现

起青少年记忆力和智力下降等状况。家具表层常用的油漆、填料等有机溶剂中含有苯，它是一种无色、有甜味的透明液体，具有强烈的特殊芳香气味，会对中枢神经系统产生麻痹作用，引起急性中毒，已被世界卫生组织确定为强烈致癌物质。

小故事 松狮犬的空调病

一天，爸爸给小明买了一条松狮犬，小明给它起名叫毛毛。毛毛活泼可爱，小明放学后总爱带它出去溜达一会。夏天到了，毛毛又是咳嗽又是拉肚子，小明和爸爸将它抱到宠物医院去看，兽医检查后，问道："你家里开空调了吧？"小明说："松狮犬怕热，一不开空调它不舒服，也不肯睡觉。"兽医笑着说："这狗没什么问题，就是得了'空调病'。"小明瞪大了眼睛，不敢相信地说："狗也会得空调病？"兽医解释说："狗也很讲究空气质量，尤其是这种松狮犬，非常娇贵，老是待在空调房间里，就会得空调病，时间长了还可能会危及生命。"小明的爸爸着急地问："那怎么办？"兽医摇了摇头说："目前，还没有什么好办法，唯一能做的就是将它放到自然环境中……"

空调病的症状

四、霾来了

　　霾原指刮风落尘，现作为气象指标，主要指由气溶胶污染造成大气水平能见度小于 10 千米的现象。确切地说，霾是指空气中的硫酸盐、硝酸盐、有机物等粒子使大气浑浊、视野模糊、消光作用增加、能见度降低，并危害人体健康的一种大气污染现象。

　　霾的形成需要一定的气象条件，通常发生在相对湿度小，大气垂直运动不大，或有逆温层，天气稳定，一般是高压控制下的区域，但当有高空槽、锋面等降水天气系统活动时，霾有助于加

霾笼罩城市

速凝结，增加降水。霾的出现也因为季节的不同而呈现不同的分布特征，在我国，霾天气主要出现在秋冬季节。从月际变化来看，北京 12 月和次年 1 月是高值时段。一日中，下午出现霾的机会最多，凌晨最少。霾的形成也与风、日照、太阳辐射、降水等因素密切相关。

　　霾会导致严重的空气污染，使大气能见度降低，易引发交通事故，同时也会影响人的情绪。形成灰霾的细粒子对呼吸系统、心血管、免疫系统、神经系统和遗传等都会产生影响，使人的抵抗力下降。霾也会对环境和农作物产生危害。

五、酸雨

正常的雨水中由于溶解了二氧化碳，呈弱酸性，pH 值大约在 6 左右。综合考虑火山、闪电等自然因素，人们规定 pH 值小于 5.6，酸性强于自然降水的降水，叫作酸雨，并认为这种反常的、具有较强酸性的降水，是一种污染。

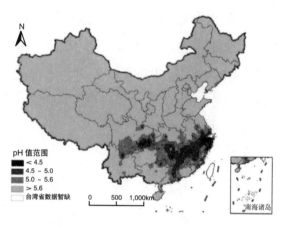

2012 年全国降水 pH 年均值等值线示意图

酸雨是工业高度发展而出现的副产物，由于人类大量使用煤、石油、天然气等化石燃料，燃烧后产生的硫氧化物或氮氧化物，在大气中经过复杂的化学反应，形成硫酸或硝酸气溶胶，或为云、雨、雪、雾捕捉吸收，降到地面成为酸雨。如果形成酸性物质时没有云雨，则酸性物质会以重力沉降等形式逐渐降落在地面上，这叫作干沉降；通过降水（如雨、雾、雪）等方式迁移到地表，则为湿沉降。

全世界的酸雨污染范围日益扩大，欧洲、北美和我国是世界三大酸雨区。我国是燃煤大国，煤炭消耗量的增长，导致二氧化硫的排放量也不断增长。中国酸雨区面积扩大之快、降水酸化率之高，在世界上是罕见的，主要分布在西南、华东和华中地区。

酸雨有"空中死神"之称，在全球造成的影响十分巨大。酸雨

工厂排放的废气

酸雨侵蚀后的森林

会影响人类的呼吸，能破坏农作物和森林，使森林大面积枯萎。酸雨能抑制土壤中有机物的分解和氮的固定，使土壤日益酸化。酸雨能腐蚀建筑物、金属、皮革，也会加速湖泊的酸化。

六、温室效应

近100多年来，全球平均气温经历了冷→暖→冷→暖四次波动，总的来看气温为上升趋势。进入20世纪80年代后，全球气温明显上升。

大气能使太阳短波辐射到达地面，但地表受热后向外放出的大量长波辐射却被大气吸收，这样就使地表与低层大气温度增高，因其作用类似于栽培农作物的温室，故名温室效应。自工业革命以来，人类向

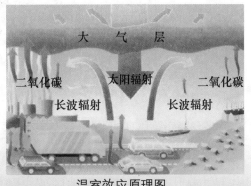
温室效应原理图

大气中排放的二氧化碳等吸热性强的温室气体逐年增加，大气的温室效应也随之增强，已引起全球气候变暖等一系列极其严重的问题，引起了全世界各国的关注。实际上，如果地球没有现在的大气层，那么地球的表面温度将比现在低33℃。

导致全球变暖的原因是多方面的，但总的可分为自然和人为两个方面的因素。

自然原因：地球上的气候本来就是冷暖干湿交替变化的，我们现在正处于气温波动上升阶段，所以全球气候也是变暖的。另外，太阳活动、火山活动、地球轨道变化等也会影响气候的变化。

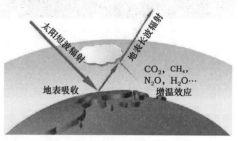

温室气体能吸收地表长波辐射，使大气变暖，与"温室"作用相似。
若无"温室效应"，地球表面平均温度是 -18℃，而非现在的 15℃。

温室效应对地表的保温作用

人为影响主要包括两方面内容：一方面，人们在日常生产和生活中通过燃烧化石燃料释放大量的温室气体。近年来，主要温室气体的排放量不断增加，引起温室效应增强，使全球气候变暖。另一方面，砍伐森林、耕地减少等土地利用方式的改变间接改变了大气中温室气体的浓度，也可使气候变暖。

温室效应的危害

全球气温升高，将导致某些地区雨量增加，某些地区出现干旱，飓风力量增强，出现频率也将提高，自然灾害加剧。更令人担忧的是，由于气温升高，将使两极地区冰川融化，海平面升高，许多沿海城市、岛屿或低洼地区将面临海水上涨的威胁，甚至被海水吞没。

全球变暖，除了体现在温度升高外，还会导致极端天气和气象事件频发。强降雨等极端天气（厄尔尼诺现象、干旱、洪涝、热浪等）在过去半个世纪中的发生频率、强度、持续时间和影响范围等都出现了变化，极端天气和气象事件在一些地区有所增加。每升温1℃，雷电将增加10%。全球变暖还可扩大疫情的流行，危害人体健康。

问题1：城市热岛效应

城市热岛效应是城市因大量的人工发热、建筑物和道路等高蓄热体及绿地减少等因素，造成城市中的气温明显高于外围郊区的现象。

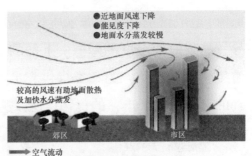

城市热岛效应的形成

随着城市建设的高速发展，城市内建有大量的由石头和混凝土建成的人工构筑物，如混凝土、柏油路面、各种建筑墙面等，它们吸热快而热容量小，在相同的太阳辐射条件下，它们比自然下垫面（绿地、水面等）升温快，因而其表面温度明显高于自然下垫面，加上城市地表含水量少，热量更多地以湿热形式进入空气中，导致空气升温。同时，城市建筑物本身对风的阻挡或减弱作用，可使城市年平均气温比郊区高2℃，甚至更多。在温度的空间分布上，城市犹如一个温暖的岛屿，从而形成城市热岛效应。

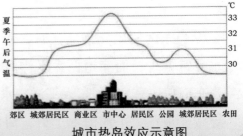

城市热岛效应示意图

问题2：厄尔尼诺现象

厄尔尼诺是西班牙语"圣婴"的意思，是在南美洲西海岸（秘鲁和厄瓜多尔附近）向西延伸，经赤道太平洋至日期变更线附近的太平洋海面水温大范围持续异常增暖的一种气候现象。大范围热带太平洋的海水增暖，会造成全球气候的变化。

该区域盛行东南信风，当东南信风正常时，赤道表面东风把表层暖水向西太平洋输送，在西太平洋堆积，从而使那里的海平面上升，海水温度升高。而东太平洋在离岸风的作用下，表层海水产生离岸漂流，造成这里持续的海水质量辐散，海平面降低，下层冷海水上涌，导致这里海面温度的降低。上涌的冷海水营养盐比较丰富，使得浮游生物大量繁殖，为鱼类提供充足的饵料。鱼类的繁盛又为以鱼为食的鸟类提供了丰盛的食物，所以这里的鸟类甚多。

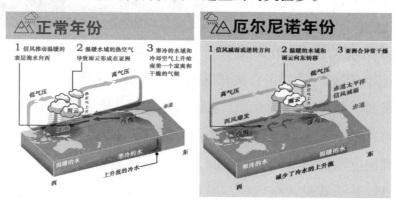

正常年份与厄尔尼诺年份对比

当东南信风异常加强时，赤道东太平洋海水上翻异常强烈，降水异常偏少；而赤道西太平洋海水温度异常偏高，降水异常偏多。当东南信风减弱时，东太平洋冷水上翻现象消失，表层暖水向东回流，导致赤道东太平洋海面上升，海面水温升高，秘鲁、厄瓜多尔沿岸由冷洋流转变为暖洋流。下层海水中的无机盐类营养成分不再涌向海面导致当地的浮游生物和鱼类大量死亡，大批鸟类亦因饥饿而死，形成一种严重的灾害。与此同时，原来的干旱气候转变为多雨气候，甚至造成洪水泛滥。

近百年来，全球发生了 3 次最强厄尔尼诺。第一次和第二次发生在 1982—1983 年、1997—1998 年，它造成全球气候异常，导致全球粮食减产。第三次发生在 2014—2015 年，它造成印度半岛等地频遭暴雨，发生严重的洪涝灾害；印度尼西亚和菲律宾等东南亚国家经历了 20 年来最严重的旱灾，导致森林和农田大火频发；印度受到了罕见高温过程的袭扰；澳大利亚夏季遭受高温热浪侵袭，引发森林大火；南非、埃塞俄比亚等国出现了严重干旱，导致非洲多国粮食严重减产；巴西等地出现了持续性的干旱，拉美多地出现了暴雨洪涝；美国东部地区许多城市的气温打破历史同期最高纪录。

2015 年夏季，我国南方大部分地区降水异常偏多，而北方大部分地区降水偏少，呈现"南多北少"的降水分布特征。入秋以后，南方地区降水比常年同期偏多，特别是 11 月份广西、湖南和江西等地出现罕见"冬汛"。2015 年冬季，全国平均降水量较常年同期偏多五成以上，创历史最高纪录。

知识卡 哥本哈根联合国气候变化大会

2009 年 12 月 7—18 日，在丹麦首都哥本哈根召开了哥本哈根联合国气候变化大会，全称"《联合国气候变化框架公约》第 15 次缔约方会议暨《京都议定书》第 5 次缔约方会议"。来自 192 个国家的谈判代表召开峰会，商讨《京都议定书》一期承诺到期后的后

哥本哈根世界气候大会海报

续方案，即 2012 年至 2020 年的全球减排协议。该次大会被喻为"拯救人类的最后一次机会"的会议。

大会成果是制定了一个国际公约，目的是控制温室气体的排放，尽量延缓全球变暖趋势，具体问题体现在《京都议定书》中。《京都议定书》，全称《联合国气候变化框架公约的京都议定书》，是《联合国气候变化框架公约》（United Nations Framework Convention on Climate Change, UNFCCC）的补充条款。它是 1997 年 12 月在日本京都由联合国气候变化框架公约参加国三次会议制定的，其目标是"将大气中的温室气体含量稳定在一个适当的水平，进而防止剧烈的气候改变对人类造成伤害"。会议上，主要参与国承诺温室气体排放量如下：

俄罗斯承诺，到 2020 年俄罗斯的温室气体排放量将下降 25%。也就是说，在 1990 年至 2020 年期间，俄罗斯将保证温室气体的总排放量减少逾 300 亿吨。

欧盟承诺，在 2050 年前削减高达 95% 的温室气体排放，在 2020 年前减少 30%。

印度承诺，将在 2020 年前将其单位国内生产总值（GDP）的二氧化碳排放量在 2005 年的基础上削减 20% ～ 25%。

美国承诺，到 2020 年美国碳排放量在 2005 年的基础上减少 17%。作为碳排放全球第一大国，美国的减排承诺与其本身应该承担的责任相差甚远。

中国承诺，到 2020 年我国单位国内生产总值的二氧化碳排放量比 2005 年下降 40% ~ 45%。

七、防治空气污染的行动

健康的生活离不开空气清新的环境，清新的空气有利于人体健康。美丽的绿色植物不仅可以保持空气清新，美化环境，防止室内空气污染，而且可以让人赏心悦目。如吊兰、芦荟、虎尾兰等花卉能大量吸收室内甲醛等污染物质，消除并防止室内空气污染；茉莉、丁香、金银花、牵牛花等花卉分泌出来的杀菌素能够杀死空气中的某些细菌，抑制结核、痢疾和伤寒病菌的生长，使室内空气清洁卫生；兰花、桂花、腊梅等植物的纤毛能截留并吸滞空气中的飘浮微粒及烟尘。

吊兰原产于南非，是多年生草本植物。它枝条细长下垂，叶片细长柔软，叶腋中抽生出小植株，由盆沿向下垂，舒展散垂，似花朵，四季常绿，夏季会开小白花，花蕊呈黄色。一盆吊兰在 8 ~ 10 平方米的房间内，就相当于一个空气净化器，它可在 24 小时内，净化房间里 80% 的有害物质，吸收掉 86% 的甲醛，还能分解苯，吸收香烟烟雾中的尼古丁等比较稳定的有害物质，故吊兰又有"绿色净化器"之美称。

绿萝生长于热带地区，是一种大型常绿藤本植物，绿色的叶片上有黄色的斑块。将一盆绿萝放在 8～10 平方米的房间内，相当于一个空气净化器；将其放在窗口，可让室内通风透气；将其放在厨房，可以有效地吸收厨房的异味。

近年来关于植物在室内空气净化方面的作用越来越受到国内外学者的重视。科学已证实植物会对人的心理产生积极作用，植物的蒸腾作用还能增加室内空气的湿度，从而减少室内人患感冒的概率。

发财树原产于拉丁美洲的哥斯达黎加，是一种阴生类植物。它叶如掌状，绿叶厚实圆润饱满，一年四季翠绿，令人赏心悦目。将其放在室内，即使在光线较弱或者二氧化碳浓度较高的情况下，也能高效地进行光合作用，有效消除空气中的一氧化碳和二氧化碳污染。同时，发财树的蒸腾作用很强，不仅可以有效地调节室内温度和湿度，还能抵抗香烟产生的有害气体。

非洲茉莉原产于我国南部及东南亚等国，属常绿（攀缘）灌木或小乔木。它枝条色若翡翠，小枝粗厚，呈椭圆形、卵形、倒卵形或长圆形，叶片油光闪亮，花朵略带芳香，花形优雅，每朵五瓣，呈伞状，簇生于花枝顶端。它的花期很长，冬夏都开，以春夏开得最为灿烂。将其放在室内，产生的挥发性油类具有显著的杀菌作用，可使人放松，有利于睡眠，还能提高工作效率。

知识卡 《广东省大气污染防治行动方案（2014—2017年）》

为贯彻落实国务院《关于印发大气污染防治行动计划的通知》（国发〔2013〕37号）和广东省政府与环境保护部签署的《广东省大气污染防治目标责任书》，持续改善全省环境空气质量，广东省制定了《广东省大气污染防治行动方案（2014—2017年）》（以下简称《方案》）。《方案》的工作目标：到2017年，力争珠三角区域细颗粒物（PM2.5）年均浓度在全国重点控制区域率先达标，全省空气质量明显好转，重污染天气较大幅度减少，优良天数逐年提高，全省可吸入颗粒物（PM10）年均浓度比2012年下降10%，珠三角地区各城市二氧化硫、二氧化氮和可吸入颗粒物年均浓度达标；珠三角区域细颗粒物年均浓度比2012年下降15%左右，臭氧污染形势有所改善。与2012年细颗粒物年均浓度相比，广州、佛山（含顺德区）、东莞下降20%，深圳、中山、江门、肇庆下降15%，珠海、惠州细颗粒物年均浓度不超过35微克/立方米，珠三角地区以外的城市环境空气质量达到国家标准要求，可吸入颗粒物年均浓度不超过60微克/立方米，细颗粒物年均浓度不超过35微克/立方米。

　　方案的工作重点：一是深化工业源治理，推进脱硫脱硝工作；二是削减挥发性有机物，着力控制臭氧污染；三是发展绿色交通，减少移动机械设备污染排放；四是强化面源污染整治，控制扬尘和有毒气体排放；五是严格环境准入，控制大气污染物增量；六是优化产业布局，引导产业集聚发展；七是发展绿色经济，淘汰压缩污染产能；八是调整能源结构，增加清洁能源供应；九是加大环境执法力度，提升环保监管效能。

知识卡　广东绿道

　　绿道是一种线形绿色开敞空间，包括从社区自行车道到引导野生动物进行季节性迁移的栖息地走廊，从城市滨水带到远离城市的溪岸树荫游步道等。广东省根据《珠江三角洲绿道网总体规划纲要》，于2010年全面启动了绿道主线建设，在珠三角已建成总长约1678千米的6条区域绿道，截至2014年12月底，全省总共建成绿道约10,976千米，其中珠三角地区绿道8909千米，约占全省绿道总里程

城市绿道

的 81%。省立绿道、城市绿道和社区绿道互联互通，基本实现市内绿道循环。目前，广东上万公里的绿道，串起山、水、城、田、海和各类有价值的自然与人文资源，兼具生态、社会、经济、文化等多种功能，成为岭南大地上一道亮丽的风景线。

八、成功的治理经验

经验 1：清洁计划型——德国

德国是欧洲工业最发达的国家。不过，到过德国的人，都会赞叹德国透明的天空和洁净的空气。实际上，50 年前的德国却是另外一幅情景：许多城市能见度只有几米，人们出行戴口罩，有的地方还成了"肺癌村"。德国空气质量的大转变，主要归功于其推出的上百个"空气清洁计划"，主要有以下几个方面：

德国城市风光

设定最严的工厂排废标准。雾霾在德国很多城市延续了 20 年之久，特别是在燃煤电厂和钢铁厂密布的鲁尔工业区。1962 年的雾霾危机夺去了超过 150 人的生命，从那以后，德国推出了世界上最严格的工业排放标准，如工业废气必须要脱硫和过滤。德国还设置了严格的锅炉设备排放标准，发电厂、工业企业等实施大规模减排改造，关停一些污染物排放超标工厂，进行产业结构调整等。

实行统一的欧盟排放标准。自2005年1月1日起，德国实行统一的欧盟排放标准。这一标准对各种有害气体排放都有严格规定，比如每小时二氧化硫排放值不得超过350微克/立方米，且一年只允许超标24次。

设立环保区。从2008年1月开始，柏林等汽车尾气污染比较严重的城市率先设立了"环保区"。只有尾气排放达到标准，贴有环保部门所颁发的环保标志的汽车才能在环保区内行驶。环保标志分为红、黄、绿三种颜色，红色表明尾气排放情况不良，绿色表明尾气排放情况良好，黄色则介于两者之间。2010年起，环保区内只允许绿色标志车辆行驶，但摩托车、救护车、消防车、警车等不在此列。"如果非绿标车辆进入环保区，将被罚款80欧元（1欧元约合人民币7元）。"

街头安装空气指针。德国联邦和州一级机构共设立了约650个空气质量监测站点。各地路边还竖立着一个个灰色盒子，上面装着像天线一样的感应器。这是城市里嗅觉灵敏的"鼻子"，叫"空气指针"，是空气质量监测站点的一部分。它可以对城市里的氮氧化物、臭氧和可吸入颗粒物进行测量，并计算和传送相关数据。

建设城市绿色通风走廊。各个城市非常重视绿化，通过建设城市绿色通风走廊来缓解空气污染。如"奔驰的故乡"斯图加特是工业城市，空气污染是个大问题，城市开始拆

德国郊外风光

除这些建筑，同时大面积绿化，打造绿色通风走廊，并规定大型建筑物周围必须有绿地围绕。

收取汽车拥堵税。德国政府通过补贴及宣传，鼓励民众出行乘坐公共交通工具、骑车或步行，并给予购买污染较小汽车的人5000欧元左右的补贴。此外，德国还根据汽车吨位、排量、每天行驶的时间等，收取不同额度的汽车拥堵税。吨位较大、排量较高的卡车及豪华汽车，税额较高。在交通高峰时段出行，税款也会较高。

大力发展环保技术。严格的空气法规催生了德国企业在环保技术方面的创新。德国企业为了减少生产过程中二氧化硫的排放，发明了烟气脱硫石膏的技术。如今，这一技术在欧美等发达国家已被广泛应用。

再生能源代替传统煤电。1991年，德国就开始鼓励使用可再生能源，制定了《输电法》《可再生能源法》等法规。目前，德国可再生能源发电量占比已达到31%。可再生能源发展已经超过核能，成为第二大电力来源。

通过50年来的数据对比，在实施上百个"空气清洁计划"后，德国的空气质量有了明显改善。许多民众也表示，这些计划刚开始实施时会有些不适应，但经过几年后，效果慢慢出现了，人们也就逐渐接受了。

经验2：应急和长期结合型——法国

法国的蓝天白云常令不少中国游客欣羡不已。但法国卫生监测所发布的公报显示，2004年至2006年，巴黎、马赛和里昂等9个城市空气中PM2.5年平均浓度均超出了世界卫生组织建议标准的上

限。为改善空气质量，法国采取应急和长期措施双管齐下的办法防治空气污染。

法国空气质量监测协会负责监测空气污染物浓度，向公众提供空气质量信息。根据空气质量监测协会提供的数据，法国环境与能源管理局每天会在网站上发布当日与次日空气质量指数图，并就如何改善空气质量提出建议。

法国的蓝天白云

空气质量指数图包括空气中臭氧、二氧化氮、二氧化硫和可吸入颗粒物 PM10 这 4 种污染物的监测数据，并按污染程度将空气质量分成 1 ~ 10 级。当污染物指数超标时，地方政府会立即采取应急措施，减少污染物排放，并向公众提供卫生建议。除应急措施外，法国还制定了一些国家或地方层面的长期措施。法国于 2010 年颁布了空气质量法令，规定了 PM2.5 和 PM10 的浓度上限。此外，法国政府还实施了一系列旨在减少空气污染的方案，如减排方案、颗粒物方案、碳排放交易体系、地方空气质量方案和大气保护方案等。

第三章 丰富的水资源

　　中华民族在黄河、长江等大河的哺育下，创造了独具风格、丰富多彩的华夏文化。在仰韶文化、大溪文化、屈家岭文化等史前文化遗存中，其出土的陶器上面绘有大量的条纹、涡纹、三角涡纹、漩纹、曲纹、波纹等代表水的纹饰，它体现了远古先民们对水的崇拜。先民们对水的崇拜，在古代典籍中也有所反映，如一些河水、泉水被称为甘水、甘露、神泉等，并被赋予种种神奇的效果。在我国少数民族有关祭祀井泉、河流等仪式的民俗中，也保留了不少原始水体崇拜的痕迹。

 一、什么是水资源

地球，从太空看，是一个非常漂亮的蔚蓝色星球。可是你知道吗，它有超过一半的面积都是穿着海水外衣哦。所以，我们生活的地球，确确实实是一个水球！

地球上的水，尽管数量巨大，但能直接被人们生产和生活利用的，却少得可怜。首先，海水又咸又苦，不能饮用，不能浇地，也难以用于工业。其次，地球的淡水资源仅占其

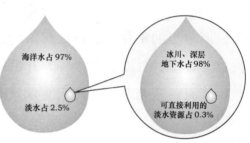

海洋水占97%

淡水占2.5%

冰川、深层地下水占98%

可直接利用的淡水资源占0.3%

地球上水的组成

总水量的2.5%，而在这极少的淡水资源中，又有98%以上被冻结成冰川和困在深层地下中，人类真正能够利用的淡水资源，也就只有江河湖泊和浅层地下的一部分水源，这可是少之又少的啊！

知识卡 冰川水

冰川是地表上长期存在并能自行运动的天然冰体，由大气固体降水经多年积累而成，是地表重要的淡水资源，不同于冬季河湖冻结的水冻冰。新雪降落到地面后，经过一个消融季节未融化的雪叫粒雪。雪逐步密实，经融化再冻结，使晶体合并，晶粒改变其大小和形

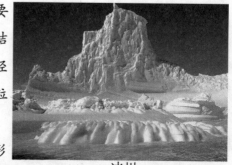

冰川

态，出现定向增长。当其密度达到0.84克/立方厘米，晶粒间失去透气性和透水性，便成为冰川水。

小故事泼水节

泼水节是傣族以及泰语民族和东南亚地区的传统节日，它体现了傣族人对水的崇拜，展现了傣族的水文化。在《车里》中记载："元旦之晨，所有贵族平民，皆沐浴更衣，诣佛寺赕佛。妇女辈则各担水一挑，为佛洗尘，由顶至踵，淋漓尽致，泥佛几为之坍倒。浴佛之后民众便互相以水相浇，泼水戏之能事。"这段记载告诉人们，泼水是傣历新年来临之日必须举行的一项活动。

我国西双版纳州和德宏州的傣族又称泼水节为"尚罕"和"尚键"，它源于梵语，意为周转、变更和转移之意，意指太阳已经在黄道十二宫运转一周，开始向新的一年过渡。泼水节长达三至七天，第一天叫"网霉"（即死的意思），这天被认为不吉利，因此不洗头、不理发、不干活，大家去赶摆、赛龙船、放高升；第二天叫"网脑"（即臭的意思），

泼水节

这天被认为不干净，要沐浴、洗头、理发、更衣、洗佛像和佛塔，晚上举行赶摆、放烟火、放孔明灯，把一年中的疾病、灾难和脏东西统统送掉，干干净净进入新的一年；第三天是新年元旦，叫"叭网玛"（即神灵的意思，也是岁首之意）。

相传古时候，金沙江边的密林深处有一个傣族村寨，有一天树

傣族人民纪念李良

林突然起火，到处是一片火海，危及村民的生命。这时，一个叫李良的傣家汉子，为保护村庄，不畏危险，冲出火海，从金沙江里挑来一桶桶江水，泼洒山火，经过一天一夜的劳累，山火终于被泼灭，可李良因为劳累，倒在山头。傣族人民为了纪念李良，每年农历三月初三这一天，每家把房屋清扫一新，撒上青松叶，并在选定的江边或井旁，用绿树搭起长半里的青棚，棚下撒满厚厚的松针，两旁放上盛满水的水槽。当午间太阳当顶时，众人穿行于棚下，相互用松枝蘸水洒身，表示对李良的怀念和对新年的祝福。

二、健康生活从饮水安全开始

水乃生命之源，与人类的生存和健康密不可分。随着现代社会的人口增长、工农业生产活动和城市化的急剧发展，水资源与水环境遭到空前冲击。据近年的相关研究报告指出，中国环境形势严峻，饮用水安全受到威胁，全国近一半的城市饮用水水源地水质不符合标准，国民近1/6的饮用水有害物质含量超标。环保部最新的一项调查发现，全国还有近3亿人没有喝上安全放心的水。

全国"两会"政府工作报告明确提出："实施清洁水行动计划，加强饮用水源保护，推进重点流域污染治理。"表明我国对保护水资源、提高生活饮用水水质、解决饮用水安全问题的决心。为了唤起公众的节水意识，加强水资源保护，水利部确定每年的 3 月 22 日至 28 日为"中国水周"，还将每年 5 月的第二周作为"城市节约用水宣传周"。

知识卡 水对人体健康的意义

人体细胞的重要成分是水，水占成人体重的 60% ～ 70%，占儿童体重的 80% 以上。那么水有什么作用呢？

水占人体重量的70%

血液 75%
肾脏 83%
肌肉 75%
头脑 80%
肝脏 86%
肺 86%
心脏 75%

水在人体中的占比与分布

1. 人的各种生理活动都需要水，水可溶解各种营养物质，脂肪和蛋白质（蛋白质食品）等要成为悬浮于水中的胶体状态才能被吸收。水在血管、细胞之间川流不息，把氧气和营养物质运送到组织细胞，再把代谢废物排出体外，总之，人的各种代谢和生理活动都离不开水。

2. 水在体温调节上有一定的作用。当人呼吸和出汗时都会排出一些水分。比如炎热季节，环境温度往往高于体温，人就靠出汗，使水分蒸发带走一部分热量，来降低体温，使人免于中暑。而在天冷时，由于水贮备热量的潜力很大，人体不致因外界温度低而使体温发生明显的波动。

3. 水还是体内的润滑剂。它能滋润皮肤，皮肤缺水，就会变得干燥失去弹性，显得面容苍老。体内一些关节囊液、浆膜液可使器官之间免于摩擦受损；且能转动灵活。眼泪、唾液也都是相应器官的润滑剂。

4. 水是世界上最廉价最有治疗力量的奇药。矿泉水和电解质水的保健和防病作用是众所周知的，主要是因为水中含有对人体有益的成分。当感冒、发热时，多喝开水能帮助发汗、退热，冲淡血液里细菌所产生的毒素，同时，小便增多，有利于加速毒素的排出。

5. 大面积烧伤以及发生剧烈呕吐和腹泻等症状，体内大量流失水分时，都需要及时补充液体，以防止严重脱水，加重病情。

6. 睡前一杯水有助于美容。上床之前，你无论如何都要喝一杯水，这杯水的美容功效非常大。当你睡着后，那杯水就能渗透到每个细胞里，细胞吸收水分后，皮肤就更娇柔细嫩。

7. 入浴前喝一杯水常葆肌肤青春活力。沐浴前一定要先喝一杯水，沐浴时的汗量为平常的两倍，体内的新陈代谢加速，喝了水，可使全身每一个细胞都能吸收到水分，创造出光润细柔的肌肤。

小故事 大禹治水

尧在位时，中原地带洪水泛滥，无边无际，淹没了庄稼、山陵、房屋，人民流离失所，水患给人民带来了无边的灾难。在这种情况之下，尧决心要消灭水患，他派鲧治水治了9年，但大水还是没有消退。鲧的儿子禹接替了父亲的工作，继续治水。

禹带领着伯益、后稷和一批助手，跋山涉水，风餐露宿。中原大地的山山水水都留下了他们的足迹，他们走到哪里就用准绳和规矩量到哪里。在大量的实证考察

大禹治水

中，他吸取了父亲采用堵截方法治水的教训，发明了一种疏导治水的新方法，其要点就是疏通水道，使得水能够顺利地东流入海。大禹根据山川地理情况，将中国分为冀州、青州、徐州、兖州、扬州、梁州、豫州、雍州、荆州九个州，以整体与局部相结合的思路，他先治理九州的土地，然后再治理其他州。在治理过程中，该疏通的疏通，该平整的平整，让大量的地方变成肥沃的土地。在治理黄河上游的龙门山时，由于梁山在其北面，大禹将黄河水从甘肃的积石山引出，水被疏导到梁山时，不料被龙门山挡住了。这时，大禹察看了地形，觉得这地方非得凿开不可，但是偌大一个龙门山又如何

鲤鱼跃龙门

是好。大禹选择了一个最省工省力的地方，只开了一个80步宽的口子，就将水引了过去。但由于龙门山太高了，许多逆水而上的鱼到了这里，就游不过去了，导致许多鱼拼命地往上跳。但是只有极少数的鱼能够跳过去，这就是"鲤鱼跃龙门"的典故，据说只要能跳过龙门，鱼立刻就能变成一条龙在空中飞舞。

经过13年的努力，咆哮的河水在大禹与同伴的治理下，失去了往日的凶恶，驯驯服服、平缓地向东流去，昔日被水淹没的山陵露出了峥嵘，农田变成了粮仓，人民又能筑室而居，过上幸福富足的生活。

三、我们身边的淡水资源

淡水资源，是由江河及湖泊中的水、高山积雪、冰川以及地下水等组成的。地球上只有3%的水是淡水，所有陆地生命归根结底都依赖于淡水，它决定着地球上生命的分布。水蒸气从海面升起，被气流夹带到内陆，随着海拔升高，汇聚成云层降雨，这也是淡水的基本来源之一。溪流汇聚成奔腾的大河，雕凿出自然界奇观，河流沿岸提供给许多野生动物栖息地，孕育着丰富的物种，无论高山还是湖底，有淡水的地方就有生命。

我国淡水资源总量为2.8万亿立方米，居世界第六位，但人均水量只相当于世界人均占有量的1/4，居世界第109位。

广东水资源总量为4190亿立方米，雄踞全国之首，但全省人均水资源拥有量仅为2100立方米，低于全国人均拥有量2200立方米。其中珠江三角洲地区人均拥有量不足2000立方米，粤西湛江地区仅为1500立方米，而国际公认的人均水资源紧张警戒线是1700立方米。水资源时空分布不均，加之近几年连年干旱，广东干旱缺水问题已十分突出。粤东、粤西及沿海地区，以及粤北石灰岩山区已威胁到供水安全，东江流域及周边地区也潜伏着用水矛盾，广东人已经到了该节水的时候。

广州从化农民看着干旱龟裂的秧田
一脸愁云

知识卡 水循环过程

地球上的水圈是一个永不停息的动态系统。存在于大气层、地面、地底、湖泊、河流、海洋等地球上不同地方的水，在太阳辐射和地球引力的推动下，在水圈内各组成部分之间不停地运动着，通过蒸发、降水、渗透、表面的流动和地底流动等过程，改变水的固态、液态、气态三种存在状态，将水由一个地方移动到另一个地方，这就是水循环。

水循环可分为海陆间循环（大循环）和陆地内循环、海上内循环（小循环）三种形式。通过水循环，可将地球各圈层和各种水体联系起来，调节地球各圈层之间的能量，影响气候的冷暖变化。通过水循环，海洋不断向陆地输送淡水，补充和更新陆地上的淡水资源，从而使水成为可再生资源。通过水循环，使地表物质发生迁移，同时在水循环过程中，通过水的侵蚀、搬运和堆积作用，雕塑了丰富多彩的地表形态。

水循环示意图

小故事 都江堰

都江堰位于四川省成都市都江堰市城西，坐落在成都平原西部的岷江上，是全世界迄今为止，年代最久、唯一留存、仍在一直使用，以无坝引水为特征的宏大水利工程，被列入世界文化遗产。

都江堰位于岷江由山谷河道进入冲积平原的地方，它灌溉着灌县以东成都平原的万顷农田。但岷江上游流经地势陡峻的万山丛中，

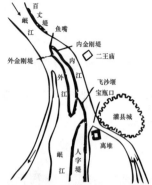

都江堰工程布置示意图

一到成都平原，水速突然减慢，河水中夹带的大量泥沙和岩石随即沉积下来，淤塞了河道。每年雨季到来时，岷江和其他支流水势骤涨，往往泛滥成灾；雨水不足时，又会造成干旱。当时成都平原水旱灾害严重的状况也反映在诗人李白的《蜀道难》中："蚕丛及鱼凫，开国何茫然""人或成鱼鳖"。

尽管当时的成都平原水旱灾害严重，但在战略地位上则非常重要。秦相司马错曰："得蜀则得楚，楚亡则天下并矣。"为了结束刀兵峰起、战乱纷呈的社会状况，统一中国，战国末期秦昭王委任知天文、识地理、隐居岷峨的李冰为蜀郡太守。李冰上任后，下决心根治岷江水患，发展川西农业，造福成都平原，为秦国统一中国创造经济基础。

李冰父子对地形和水情做了实地勘察，在前人鳖灵开凿的基础上，率领当地人民，决心凿穿玉垒山引水，使岷江水能够畅通流向东边，使西边的江水不再泛滥，同时也能解除东边地区的干旱，使滔滔江水流入旱区，灌溉那里的万顷良田。在当时未发明火药的情况下，李冰以火烧石，使岩石爆裂，在玉垒山凿出了一个宽20公尺、高40公尺、长80公尺的山口，该山口因其形状酷似瓶口，故取名"宝瓶口"。宝瓶口引水工程完成后，

李冰父子指导修筑都江堰

由于江东地势较高，江水难以流入宝瓶口，李冰父子又决定在岷江中修筑分水堰，将上游奔流的江水一分为二：西边称为外江，它沿岷江顺流而下；东边称为内江，它流入宝瓶口。由

都江堰

于分水堰前端的形状好像一条鱼的头部，故被称为"鱼嘴"。"鱼嘴"可以在水位较低的枯水季节时，将60%的江水流入河床低的内江，保证成都平原的生产生活用水；可以在洪水来临时，将大部分江水从江面较宽的外江排走。为了进一步控制流入宝瓶口的水量，稳定灌溉区的水量，发挥分洪和减灾的作用，李冰又在鱼嘴分水堤的尾部，靠着宝瓶口的地方，修建了分洪用的平水槽和"飞沙堰"溢洪道，以保证内江无灾害。飞沙堰采用竹笼装卵石的办法堆筑，堰顶筑到比较合适的高度，当内江水位过高的时候，洪水就经由平水槽漫过飞沙堰流入外江，使得进入宝瓶口的水量不致太大，保障内江灌溉区免遭水灾，同时有效地减少泥沙在宝瓶口周围的沉积。

在李冰父子的组织带领下，经过8年的努力，人们克服重重困难，终于建成了由分水鱼嘴、飞沙堰、宝瓶口等部分组成的历史工程——都江堰。两千多年来，都江堰一直发挥着防洪灌溉的作用，使成都平原成为水旱从人、沃野千里的"天府之国"。

四、我们面临的淡水资源紧缺问题

我国城市供水不足的现象始于 20 世纪 70 年代，以后逐年扩大，并且愈来愈严重。据统计，全国 666 个城市中，有 400 多个城市供水不足，日缺水量 1600 万立方米，

市民排队领水

年缺水量约 60 亿立方米，平均每年因缺水影响工业产值 2000 多亿元。多数城市地下水受到一定程度污染，并且有逐年加重的趋势。当前全国农村还有 3000 多万人和数千万头牲畜饮水困难。全国有 1/4 的人口饮用不符合卫生标准的水，直接影响到人民的健康水平。

我国水资源总量虽然有 2.8 万亿立方米，位居世界第六位，但人均拥有的水资源量仅为 2200 立方米，是世界人均水平的 1/4，被列入世界 13 个贫水国家之一。我国水资源短缺的原因，可以从自然原因和人为原因两个方面来看。

从自然原因来

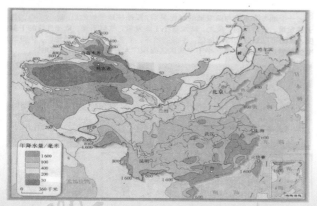

我国降水量的分布

看，水资源时空分布不均，东南多，西北少，夏秋多，冬春少。中国水资源南北相差悬殊，北方水资源贫乏，南方水资源相对丰富。长江及其以南地区的流域面积占全国总面积的 36.5%，却拥有占全国 80.9% 的水资源总量，西北地区面积占全国的 1/3，拥有的水资源量仅占全国的 4.6%。另外，受季风影响，我国降水集中在夏秋季，冬春季降水少，容易造成季节性的缺水。

从人为原因来看，一是水资源浪费现象严重。仅 2013 年全国用水消耗总量已经超过 6000 亿立方米，占全国水资源总量的 21.9%。

另外，我国的水价偏低，全国各地水费标准值仅达到预算成本的 62%，农业水价还达不到成本的 1/3，水费仅占居民日常开支的 0.3% 左右。水价偏低很难使人们形成节水意识。二是水资源污染加剧。20 世纪

水资源浪费严重

80 年代以来，工业和城市用水量成倍增长，废污水的排入量也随之急剧增加。在全国调查评价的 700 多条重要河流中，有近 50% 的河段、90% 以上的城市沿河水遭到污染。三是多个部门管水，形成"五龙治水"的局面，既难以形成合力优化配置水资源的局面，也不利于节约用水、提高水资源的利用效率。

问题 1：水质性缺水

水是生命之源，是发展之本。然而，随着社会经济的快速发展和城市化进程的加快，对水的需求已经超过水资源所能负荷的程度。

水污染问题日益严峻，不少水源已经不能满足人们的生活需求，甚至有些水源已经不能直接用于生活饮用和工农业生产。资源型、污染型、浪费型缺水已经成为制约我国发展的瓶颈。

不仅淡水如此，近海污染也同样受关注。2012年，广东省管辖海域的海水环境状况总体良好，符合一、二类《海水水质标准》的海域面积占全省近海海域面积的86.1%，近海以外的海水水质总体良好并保持稳定，但部分近岸海域污染依然严重。

广东省水资源总量比较丰富，但实际上水资源形势仍较严峻。人均占有水资源量较低，水资源空间分布不均，水资源利用效率低，不少河流中下游河段由于城市污水排污造成污

有机污染

染，存在水质性缺水问题。近海口的珠三角城市人口密度过大，生活污水处理不到位，导致近海的珠江口水质较差，主要污染因子为无机氮和活性硫酸盐。珠江口海域的污染严重，由于受到上游工农业生产、居民日常生活的影响，珠江每年携带上百万吨污染物入海，珠江口生态监控区生态系统多年来一直处于不健康状态，海水富营养化，生物群落结构异常，渔业资源衰退和生态改变等问题日益突出。

问题2：水华现象

水华现象主要是由于生活及工农业生产中含有大量氮、磷的废污水进入水体后，蓝藻、绿藻、硅藻等藻类成为水体中的优势种群，

水华现象

大量繁殖后使水体呈现蓝色或绿色的一种现象。多发生在静态的水体，尤其以鱼塘，流速较慢、流动不畅的内河等水体内较常出现。我国的太湖、滇池、巢湖、洪泽湖都有水华现象。水华现象会造成渔业减产，严重时会导致鱼类大批死亡。水华现象也使饮用水源受到威胁，藻类毒素通过食物链影响人类健康。例如，蓝藻的次生代谢产物能损害肝脏，有致癌的可能性。

 五、对淡水资源紧缺的担忧

随着社会经济的发展、城市化速度的加快和人民生活水平的提高，对水的需求量急剧增长，但是我国目前却存在严重的水问题，严重影响人类的生产、生活和生态环境。

中国的水问题主要有 4 个方面：水多，即多洪水和涝灾发生；水少，即许多地区十年九旱和城市供水不足；水脏，即水污染严重和部分地区水质本底较差，影响饮用水安全；水环境问题，即由于水资源开发利用不当产生的环境问题，如地下水超采、三门峡水库淤积导致的上游淹没等问题。

我国存在严重的水问题

历来以"空气都能够拧出水来"而著称的广东省，同样也面临着严重的水资源短缺问题。广东水资源人均占有量为 2118 立方米，不到全国人均占有量 2200 立方米的水平，仅相当于世界人均水资源占有量的 1/4。水资源短缺问题，已成为广东发展的绊脚石。

广东工业用水定额高，重复利用率低，跑冒滴漏严重。全国工业用水重复利用率约为 55%，而发达国家为 75% ～ 85%，广东每万元 GDP 用水量是发达国家的几倍甚至十几倍。

东莞市水资源严重短缺

广东农业灌溉方式落后，影响全省水利发展，全省农业灌溉用水的利用率只有 40% 左右，而先进国家达 70% ～ 80%。广东节水灌溉面积不到 1/3，采用喷灌、滴灌等先进节水措施的灌溉面积更是极少。

广东城镇生活用水存在的问题是供水跑、冒、滴、漏现象相当严重。全省城市供水漏失率约为 20%，广州供水漏失率为 15% 以上。

广东的水资源利用整体上低于全国水平，水质性、浪费性、资源性、工程性四大类型的缺水使广东面临的水资源短缺问题一点不比全国轻松。水资源短缺已成为制约广东经济发展的"瓶颈"。建设节水型社会，合理配置、高效利用水资源，实现水资源的可持续利用是我们面临的严峻课题。水是生命的基础，它不仅关系到人类生活的质量，还影响人类的生存。警钟已在我们耳边响起，而且将经久不息。珍惜水，节约水，保护水资源，让我们像珍惜生命一样珍惜每一滴水吧。

实例1：广州水污染现状

由于城市污水处理设施建设严重滞后，城市生活污水排放剧增，导致广州市水环境有机污染十分严重。1995年工业废水排放30,930万吨，比1990年的37,246万吨有所减少，1995年工业废水处理率86.9%，工业废水中的污染物COD排放比1990年减少51.8%。但城市污水排放量急剧增长，从1990年的51,451万吨增加到1995年的74,228万吨，年均递增7.6%，1995年城市污水占废水总排放量的70.6%。表征水环境有机污染状况的氨氮和溶解氧两项指标不断恶化，珠江广州河段水环境中氨氮浓度持续上升，从1990年的1.44毫克/升增加到1995年的1.92毫克/升，与水体执行标准0.5毫克/升相比，超标近3倍，溶解氧浓度从1990年的3.6毫克/升下降到1995年的2.8毫克/升，远远低于水体执行标准5毫克/升的要求。珠江广州河段黄沙至猎德区间已多次出现发黑发臭现象，西航道水质污染有逐年加重的趋势，对西线水源的威胁不断加剧。如果城市污水处理设施建设状况没有大的改变，珠江广州河段的水环境有机物污染仍将进一步发展。

治理前的河涌

实例 2：博罗河流污染成"红河"

2014年初，广东博罗县园洲镇李屋村北冲口排渠出现红、蓝色水体。环保部门随后调查发现，两家企业每家排放了约40吨印染污水，总共排放了80吨废水进入北冲口排渠，将河道染成了图片上的

红河。而该废水经过排渠汇入沙河，沙河最终汇入东江，东江则是香港、深圳、东莞4000万居民的饮用水源。有关部门随后对其进行了整改。

博罗县的"红河"

六、解决淡水资源紧缺的行动

随着水资源短缺问题日益突出，人类也在不断探索解决此问题的办法。在解决水资源短缺方面，主要有两个目标，首先是解决水资源本身短缺的问题，其次是解决与水资源有关的问题，具体有以下几个方面：

节水宣传标语

1. 建设节水型社会

要转变水管理方式，实行"需水管理"。我国水管理方式落后，就是只管供水，不管用水，转变水管理方式，实行"需水管理"是解决我国水资源短缺的制度创新。要增强人民群众的节水意识。节水意识不强是造成水资源浪费严重的一个重要原因。要制定水资源规划，明确各地区的用水指标，确定科学的用水定额。超过定额的实行累进加价制，以强化人们的节水意识。要提高水的利用效率。我国的工业用水不重视水的循环利用，使耗水量高出发达国家两倍。我国为了鼓励企业节约用水和提高水的利用率，国家加收水污染费和实行枯、丰季不同季节的水价。要推广和使用先进实用的节水灌溉技术，大力开发和推广节水器具和节水的工业生产技术。要调整农业产业结构，坚决淘汰或减少粮食生产中耗水量大、效益低的品种或种植面积。

2. 南水北调

2002年12月和2003年12月，"南水北调"的东线和中线先后开工兴建。按照规划，东线、中线、西线建成后将与长江、淮河、黄河、海河相互连接，构成我国水资源"四横三纵、南北调配、东西互济"的总体格局，大大地缓解北方用水紧张的局面。

"南水北调"中线穿黄河
工程首条隧道示意图

3. 加强垃圾和水污染治理

一方面要对企业进行技术改造，走循环经济的发展道路，提高企业水的重复利用率。另一方面要调整产业结构，将用水量大、效益低的产业予以淘汰。还要强化环境保护的执法力度，加强垃圾的处理和管理，严禁将未经无害化处理的垃圾、废水、污水排入江河湖泊。加强水源保护区建设，严禁在水源保护区域内开矿、旅游等。

污水处理

4. 控制生态工程性用水

一方面要严格控制、适度建坝拦水，因为大坝建设破坏了原流域区的生态环境，也造成大量的水资源被蒸发掉。另一方面要严格控制工程性用水，建议实行"定额用水"，杜绝浪费。同时城市建设要注重水的地下渗透性，使有限的降水能及时地补偿地下水。

广东省为了让岭南大地水更清，制定了《南粤水更清行动计划（2013—2020年）》，提出了"一年新进展，三年新突破，八年水更清"的总目标。

广州东濠涌综合整治效果图

广州东濠涌亲水休闲

2013年"一年新进展"：继续巩固珠江综合整治成果，推动重点区域、重点流域水污染综合整治取得新进展。

2015 年"三年新突破"：到 2015 年底，城市集中式饮用水源水质稳定达标，农村饮用水源水质显著改善，全省水环境质量稳中有升，珠三角基本消除劣Ⅴ类水体，生态公益林占林业用地面积的比例达到 40% 以上。

2020 年"八年水更清"：到 2020 年底，城市集中式饮用水源水质高标准稳定达标，农村饮用水源水质基本得到保障，主要地表水体水质达到环境功能要求，全省基本消除劣Ⅴ类水体，生态公益林占林业用地面积的比例达到 45% 以上，水生态功能基本得到修复。

水，让世界上的生命得以存在、发展；水，让世界上的万物得以丰富、精彩。让我们的每一天、每一刻，都想到水的珍贵。保护水资源，珍惜每一滴水，让生命的源泉永不涸竭。千万不要让我们的眼泪成为地球上的最后一滴水！

七、成功的解决方案

经验 1：普及净化型——瑞士

半个多世纪前，瑞士水生态环境建设也曾走过弯路。水利用的飞速发展，造成了严重的环境污染。如 20 世纪 60 年代，日内瓦湖水体出现污染，家庭污水和工业废水不经处理就被直接排入湖中。此外，周边农林业大量使用农药，对地下水也形成严重污染，到 70 年代中期，湖中鱼虾近乎绝迹，成为"死湖"。巴塞尔市的水源来自莱茵河，在 20 世纪中叶，生活废水、高毒性废弃物和工业废水的排放，导致莱茵河污染达到历史上最严重的程度。

严峻的形势使瑞士政府部门、私营企业和民间团体不得不坐下来商讨对策，采取了"将废水排入自然水域之前首先使其净化"的措施。过去几十年，瑞士投资数十亿瑞郎，建设了一项积极有效、遍及全国的污水净化工程。污水净化网遍布城市与村庄，数百个污水净化装置把下水道废水中的有害物质滤出。

瑞士风光

目前，瑞士民用水水价中，高达 2/3 是专门用来处理生活污水的。在此基础上，政府辅助了"让水循环重新自然化"的措施，让在近百年中被引直或被开凿成运河的河流及小溪，重新变回河床，恢复河流的原有面积。

经过近几十年严格高效的水污染治理和水环境管理，瑞士的水生态环境建设取得了显著成绩。今天，瑞士的城市工业污水和生活污水已经百分之百做到了经处理后再排放，瑞士的湖水甚至都已经接近饮用水的标准。在瑞士，泉水、溪流、河流和湖泊是人们休养生息的理想场所。

经验 2：法律监管型——法国

1964 年，法国国民议会决议通过了《水法》与《水域分类、管理和污染控制法》。随着法国国民经济发展的变化与需要，《水法》在 1992 年得到了较大修改并沿用至今，进一步有效地协助了法国政府对本国水资源的治理。在法律实施原则上，《水法》体现了四大原则：首先是综合治理原则，该原则将水资源与其他资源一并纳入生态系统保护环节内，使得法国的环境保护体系保持完整性与系统性。其次是流域治理原则。《水法》规定，法国国内水资源以流域为单位进行综合治理，当经济活动涉及排污、资源开发等水资源管理事项时，经营者必须遵循流域管理委员会的意见，"谁的流域谁负责"。第三是全民治理原则。除了法国政府及其下属的各级流域管理委员会外，民众也应广泛参与到水资源治理的环节当中，民众有监督相关管理机构的义务，同时民众代表也应对水资源治理问题提出建议对策，使水资源保护与治理"大众化"。最后是经济治理原则。这里的"经济治理"主要是指利用金钱罚金来规范并约束社会用水行为，旨在利用经济杠杆来保护法律的可实施性以及环境的可持续发展。同时，向自然水域排放污水需得到严格审核，并需要向流域管理委员会排污部门缴纳高昂的排污费，一旦超标便将收到重磅经济罚单乃至法庭传票。

法国风光

经验3：城市硬件设计型——法国

法国的供水系统在设计之初便分为两套系统。以巴黎市为例，一套是流入百姓家中水龙头的饮用水系统，另外一套是主要供城市清洁与绿化的非饮用水系统。同时，用于清洁路面、调整城市空气湿度的水最终会流入下水渠。污水在进入污水处理中心后，在物理

过滤掉表层垃圾后，还要接受生物过滤，将污水中的富营养化物质消除。在完成这个环节后，水质即可达标，并可根据需要决定是否再次使用，抑或排入自然水域内。

经验4：农业污染控制型——英国、韩国

英国政府从农业生产方面入手，解决水体污染问题，主要措施有以下三个方面：一是强化农民在农业生产中的水体保护意识。首

先在英格兰地区启动了"水域周边敏感地区农地管理项目"，将农业生产造成水体污染的途径和危害向农民普及。二是使用强制措施降低农业生产污染危害。依据欧盟有关指令，严格限制硝酸盐和磷化合物化肥使用的数

英国风光

量和时间，并对违反规定的农户处以重罚。三是提供指导和资金，促使农户改变生产模式。

韩国环境部门将水质污染的原因按污染源划分为点污染和非点污染两大类。对于农业这一非点污染源，首先在农民中倡导正确的施肥方法，即在农作物对肥料需求旺盛时期集中施肥，其他时期少施肥，绝不过度施肥，以减少土壤中的富营养化物质。其次是在主要道路等污染源与水源地之间修复和加强自然生态系统，设置植被缓冲带，减少不透水层面积等。

第四章 多样的物种

在46亿年以前，美丽的蔚蓝色星球——地球在太阳系中诞生了。地球估计孕育了约870万个物种，其中包括777万种动物、29.8万种植物、61.1万种真菌、3.64万种原生动物、2.75万种藻类。它们有的生活在陆地，有的生活在海洋；它们具有各种各样的功能与结构，形成了各种各样的特征，发挥着各种各样的功能；它们共同维持着地球的生态系统，并养育着人类。

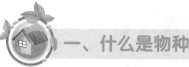

一、什么是物种

在我们生活的地球上，有动物、植物、微生物等多种多样的物种，它们数以百万计，千差万别，各不相同，它们与人类共同生活在地球上。

地球上的物种

物种指一个动物或植物群，其所有成员是在形态上极为相似的有机体，它们中的各个成员间可以正常交配并繁育出有生殖能力的后代。它不仅是生物分类的基本单元，也是生物繁殖的基本单元，还是生物继续进化的基础。

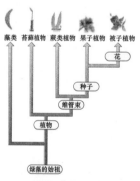

藻类　苔藓植物　蕨类植物　果子植物　被子植物

花

种子

维管束

植物

绿藻的始祖

植物演化分类图

中国古代对动物的最早分类见于汉初的《尔雅》，它把动物分为虫、鱼、鸟、兽4类，其中虫包括大部分无脊椎动物，鱼包括鱼类、两栖类、爬行类等低级脊椎动物及鲸和虾、蟹、贝类等，鸟是鸟类，兽是哺乳动物。

知识卡 进化论

19世纪中叶，英国科学家达尔文在长期对一些植物、动物形态的观察中，创立了科学的生物进化学说。达尔文认为：生物之间存在着生存斗争，适应者生存下来，不适者则被淘汰，这就是自然的选择。生物正是通过遗传、变异和自然选择，从低级到高级，从简单到复杂,种类由少到多地进化着、发展着。

《进化论》的主要内容:一是物种是可变的,现有的物种是从别的物种变来的,一个物种可以变成新的物种;二是所有的生物都来自共同的祖先;三是自然选择是进化的主要机制;四是生物进化的步调是渐变式的,它是一个在自然选择作用下,累积微小的优势变异逐渐改进的过程,而不是跃变式的。《进化论》被称为人类历史上第二次重大科学突破,它使生物学发生了一次革命变革,第一次对整个生物界的发生、发展,做出了唯物的、规律性的解释,并将人类拉到了与普通生物同样的层面,提出地球上的所有生物,都与人类有着或远或近的血缘关系。

动物演化分类图

小故事 鲸的假肢

据科学家推测,鲸类的祖先是产于北美、欧洲与亚洲的陆栖有蹄类动物——中爪兽。中爪兽生活在浅水区,捕鱼为食,齿数不多,后逐渐转变为水陆两栖的生活形式,再于漫长的演化过程中变成今天的各种鲸。

鲸是完全水栖的哺乳动物,一般以软体动物、鱼类和浮游动物为食,听觉灵敏。它体长 1 ~ 30 余米,体重 2000 千克以上,体形似鱼,皮肤裸露,前肢呈鳍状,后肢完全退化,体内仅存 1 对小骨片,尾末皮肤左右扩展而成水平尾鳍。

鲸

一些鲸在发育初期具有假肢，随着年龄的增长假肢会消失。

但有时，大自然在生物进化的过程中忘记了抹去鲸鱼的假肢，有些鲸鱼身上还残留着这一无用的器官，使它们带着这些不完美在历史长河中继续繁衍。有些鲸被发现长有像腿一样的肢体，这些肢体带有胫骨和股骨结构。1919 年 7 月，捕鲸者在温哥华岛附近捕获了一只雌性座头鲸，并惊奇地发现鲸鱼下半身有一对假肢，据推断这是鲸鱼未退化的后腿，长 1.2 米（4 英尺）。1965 年，一头成年雌性抹香鲸在日本被捕，它有着一对后腿，长 5 厘米（2 英寸）。

二、多样物种与我们的关系

物种在演化的过程中会不断进化，并形成多种多样的物种。物种形成，也称为物种起源，它是指物种的分化产生，它是生物进化的标志。自然界的物种形成主要有异域性物种形成、同域性物种形成、边域性物种形成和临域性物种形成 4 种模型。不同的物种，其生态特点不同。目前，地球上的物种主要由动物、植物和微生物等构成，它

地球上多种多样的动物

们使地球上的物种呈现出多样性的特点。生物多样性是地球生命的基础，它使地球上的生命繁衍与持续，它与人类的发展紧密相连。生物多样性不仅是人类衣、食、住、行的直接来源，也保护人类免

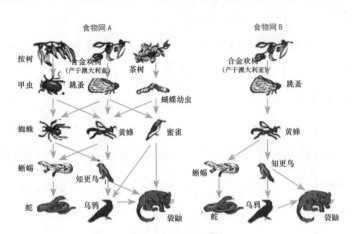

动物的食物链

受自然灾害的威胁，更为人类子孙后代的发展提供持续的资源。

如果没有生物多样性，人类不会感受到树林的绿意、海洋的浩瀚，也不会有呼吸的空气、吃的食物、喝的水；如果没有生物多样性，就没有花鸟鱼虫与我们相伴，也没有飞禽走兽与我们为伍；如果没有多姿多彩的生命形式，仅仅只剩下人类自己生活在这个世界上，生活将会变得索然无味，更何况没有其他生命，人类根本无法生存。

人与植物、动物和谐相处

知识卡 我国的物种多样性

生物多样性通常包括3个主要的层次：生物种类的多样性、基因（遗传）的多样性和生态系统的多样性。中国是地球上生物多样性最丰富的国家之一。由于我国地处欧亚大陆的东南部，拥有960万平方千米的疆域、300万平方千米的海域，这些区域内形成了我国物种高度丰富的特点。我国有高等植物3万余种，仅次于世界高等植物最丰富的巴西和哥伦比亚，居世界第三位；苔藓植物2200种，占世界总种数的9.7%，隶属106科，占世界总科数的70%；蕨类植物52科，约2200～2600种，分别占世界总科数的80%和总种数的22%；裸子植物全世界共15科，79属，约850种，中国就有10科，34属，约250种，是世界上裸子植物最多的国家；被子植物约有328科，3123属，30000多种，分别占世界科、属、种数的75%、

森林生态系统

草原生态系统

山地生态系统

沙漠生态系统
湿地生态系统

海洋生态系统

生态系统的多样性

30%和10%。中国的动物也很丰富，脊椎动物共有6347种，占世界总种数（45,417种）的13.97%；鸟类1244种，占世界总种数的13.1%；中国有鱼类3862种，占世界总种数（19,056种）的20.3%。同时，在这辽阔的国土上，不仅有古老的地质历史，也有多样的地貌、气候和土壤条件，形成了多样的生存环境，加之第四纪冰川的影响不大，致使目前在我国境内存在大量古老孑遗的（古特有属种）和新产生的（新特有种）特有种类，如有"活化石"之称的大熊猫、白鳍豚、水杉、银杏、银杉和攀枝花苏铁等。

大熊猫是属于食肉目、熊科的一种哺乳动物。它生于800万年前，被誉为"活化石"和"中国国宝"。它最初是吃肉的，经过进化，99%的食物都是竹子了，但牙齿和消化道还保持原样。它的体色为黑白两色，有着圆圆的脸颊，大大的黑眼圈，胖嘟嘟的身体，内八字的行走方式，深受人们的喜爱。

白鳍豚仅产于长江中下游，是中国特有的淡水鲸类，被誉为"水中的大熊猫"，目前仅存50头。它的身体呈纺锤形，全身皮肤裸露无毛，体温恒定36℃左右。由于它是用肺呼吸的水生哺乳动物，每次呼吸时，头顶及呼吸孔先浮出水面，接着露出背部和低三角形的背鳍，出水呼吸时间约1～2秒钟，潜水时间每次约20秒，每隔一两分钟就要露出水面换一次气。当天气闷热、暴雨即将来临之际，它便频频露出水面一起一伏，我们称为"白鳍拜江"。

　　水杉属于裸子植物杉科，生于中生代白垩纪和新生代，是古老珍稀孑遗树种，有"活化石"之称。水杉是乔木，高达35米，胸径达2.5米。树干基部常膨大，树皮呈灰色、灰褐色或暗灰色，枝斜展，小枝下垂，侧生小枝排成羽状，冬季凋落。球果下垂，近四棱状球形或矩圆状球形，成熟前为绿色，熟时为深褐色。

　　攀枝花苏铁是中国的特有种，它是生于2亿8000万年前的古生代二叠纪苏铁类植物，被誉为植物中的"活化石"。它是棕榈状常绿植物，茎干单一，叶呈螺旋状排列，簇生于茎干的顶部，羽状全裂，羽片呈线形，叶柄上部两侧有平展的短刺。雄株可年年开花，雌株亦可两年开花一次。

小故事 广东韶关的银杏

广东省东北部韶关南雄，因其独特的地理环境与气候，成为"中国岭南银杏之乡"。在南雄市区的坪田镇，有一大片丛生千年银杏林，其树龄最长的有1680多年，树龄最短

银杏林

的也有二三百年。每年的秋末初冬（11—12月），是银杏树叶转黄的季节。漫步于南雄坪田镇古银杏树村的乡间小径上，古老银杏林与沧桑的乡村建筑、小道相映成趣。走入深秋的银杏林间，就仿佛走进了一个梦幻般的童话世界中，树上金光闪闪的杏叶，摇摇曳曳，在秋风中仿佛金蝴蝶般翻飞起来，它一片一片地飞落，或成堆集簇，或零散稀疏，仿佛一层层金灿灿的地毯，不时"淹没"人们的脚尖……

银杏叶

银杏为银杏科落叶乔木，最高可达40米，树雄伟壮观，云冠姿美，古朴清幽。它春季开花，花期为4—5月，呈青白色，球花生于短枝叶腋，雌雄异株。果为椭圆或圆球形，又名白果，果期为9—10月。它是现存种子植物中最古老的孑遗植物，和它同纲的所有其他植物皆已灭绝，号称"活化石"。银杏出身在几亿年前，现存活在世的银杏稀少而分散，上百岁的老树已不多见。南雄银杏果有壳薄洁白、胚芽细小、无苦味等特点。历代文人墨客都曾作诗将其赞美，宋代诗人欧阳修诗云："绛囊初入贡，银杏贵

中州。"郭沫若曾作诗云："我爱它那独立不倚，孤直挺劲的姿态；我爱它那鸭掌形的碧叶，那如夏云静涌的树冠；当然，我更爱吃它那果仁。"

银杏果具有医疗保健作用。据《本草纲目》记载："熟食温肺、益气、定喘嗽、缩小便、止白浊；生食降痰、消毒杀虫。"中医素以银杏种仁治疗支气管哮喘、慢性气管炎、肺结核、白带、淋浊、遗精等疾病。银杏种仁还有祛斑平皱，治疗疮、癣的作用。

 ## 三、我们身边的物种

岭南地区热量和水资源都非常充足，所以这里四季常青，植物种类非常丰富。主要有亚热带常绿阔叶林、亚热带季雨林、热带季雨林三大类，植物种类繁多，多珍稀树种。

热带季雨林不连续分布于亚洲、非洲、美洲热带季风区，分布于热带，也称季风林或雨绿林。由较耐旱的热带常绿和落叶阔叶树种组成，种类繁多，且有明显的季相变化，土壤以砖红壤性土为主。

亚热带季雨林是生长于年降雨量 1300 毫米以上的暖温带多雨地带的常绿林，主要分布在亚洲东部。其与热带雨林的区别是组成种类少，木本藤本植物和附生植物也少；其与常绿阔叶林的区别是叶大以及耐寒性弱。

亚热带常绿阔叶林主要分布在南纬 25° 到北纬 35° 的大陆东部，是常绿的双子叶植物所构成的森林群落，主要由壳斗科、樟科、山茶科、木兰科等种类组成。

银杉主要分布于我国广西、湖南、重庆、湖北、贵州等地海拔 940～1870 米地带的局部山区，为我国特产的稀有树种，属国家一级保护植物。树皮呈暗灰色，小枝节间的上端生长缓慢、较粗，叶螺旋状着生，成辐射伸展，在枝节间的上端排列紧密，成簇生状。雄球花开放前为长椭圆状卵圆形，盛开时为穗状圆柱形。球果成熟前为绿色，熟时由栗色变为暗褐色，卵圆形。

桫椤生长于热带和亚热带地区，我国主要分布于西藏、贵州赤水及南方等地，是古老的蕨类植物，有"活化石"之称，被列为国家一级保护的濒危植物。其茎直立、中空，似笔筒，叶呈螺旋状排列于茎顶端。它是已经发现的唯一的木本蕨类植物。

野生金线莲是极名贵的药材，被称为"药王"，主要产于我国台湾、广东、广西、云南、贵州等地。其叶片镶嵌着极为优美的金色线条，有清热凉血、祛风利湿、解毒、止痛、镇咳等功效，其氨基酸和微量元素的含量均高于国产西洋参和野山参。

岭南地区气候温暖湿润，有丰富的植被覆盖，而且植物种类繁多，为动物提供了良好的栖息环境。这里拥有700多种野生动物，是名副其实的"野生动物王国"。

云豹生活于亚洲的东南部，中国主要生活于秦岭以南，为国家一级保护动物。云豹体型如大猫，是树栖动物，它们的腿比较短，但是爪子附着力强，在树上很灵活，又长又大的尾巴能够保持身体的平衡。它们是纯肉食动物，常常隐藏在树丛中或者树上伏击动物，吃鸟类、鱼类、兔子、老鼠等小动物。

华南虎是典型的山地林栖动物，生活在中国南方的热带雨林、常绿阔叶林，为国家一级保护动物。它头圆，耳短，四肢粗大有力，尾较长，胸腹部杂有较多的乳白色，全身橙黄色并布满黑色横纹。它以草食性动物如野猪、鹿、狍等为食。

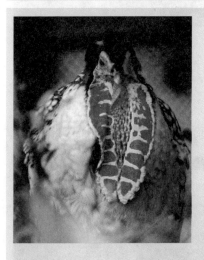

黄腹角雉主要生活于浙江，福建、广东、湖南、江西亦有，为国家一级保护动物。它体大而尾短，喜欢潜伏，不善飞翔，常成5～9只的小群活动。当听到危险响动时，它不飞不跑，站在原地不动，东瞧瞧，西望望。发现有危险正逼近自己时，想逃已经来不及了，它们就急中生"智"，一头钻进杂草丛中，可是身子却仍然露在外面，好像鸵鸟一样，甚是有趣。雄鸟喉垂膨胀时呈艳丽的蓝色和红色。它们以蕨类及植物的根、茎、叶、花、果为食，也吃白蚁和毛虫。

穿山甲是地栖性哺乳动物，为国家二级保护动物。它体形狭长，全身有鳞甲，四肢粗短，尾扁平而长，背面略隆起，以白蚁为食。

天空中的飞鸟、森林里的野兽、水中的鱼儿、草丛中的昆虫……它们都是动物大家庭的成员。我们应该爱护它们，和它们友好相处。

红耳鹎为留鸟，在乔木树冠层或灌丛中活动和觅食，常成10多只的小群活动，性活泼，善鸣叫，鸣声轻快悦耳。

画眉属雀形目画眉科，常在灌丛和竹林中活动与觅食，眼圈白色并向后延伸成狭窄的眉纹，机敏而胆怯，不善做远距离飞翔。

白鹭是白鹭属鸟类的统称。白鹭属共有13种鸟类，其中有大白鹭、中白鹭、白鹭（小白鹭）、黄嘴白鹭和雪鹭等，其体羽皆是全白，人们通称它们为白鹭。

鸳鸯是合成词，鸳指雄鸟，鸯指雌鸟，属雁形目的中型鸭类。其雌雄异色，雄鸟嘴红色，脚橙黄色，羽色鲜艳而华丽，头具艳丽的冠羽，眼后有宽阔的白色眉纹，翅上有一对栗黄色扇状直立羽，像帆一样立于后背；雌鸟嘴黑色，脚橙黄色，头和整个上体灰褐色，眼周白色，其后连一细的白色眉纹。

蜜蜂是一种会飞行的群居昆虫，黄褐色或黑褐色，生有密毛，两对膜质翅，口器嚼吸式，后足为携粉足，在植物开花季节，蜜蜂天天忙碌不息。

七星瓢虫是鞘翅目瓢虫科的捕食性昆虫，成虫可捕食麦蚜、棉蚜、槐蚜、桃蚜、介壳虫、壁虱等害虫，可大大减轻树木、瓜果及各种农作物遭受害虫的损害，被人们称为"活农药"。

蝴蝶色彩鲜艳，翅膀和身体有各种花斑，其翅膀就像飞机的两翼，让蝴蝶利用气流向前飞进。它五彩缤纷的翅膀不仅让人赏心悦目，也是用来隐藏、伪装和吸引配偶的。

竹节虫是无脊椎动物，喜爱灌木和乔木的叶片。其身体修长，有翅或无翅，前胸节短，中胸节和后胸节长，当其6足紧靠身体时，更像竹节。

知识卡 物种入侵带来的生态灾难

　　人类盲目地引入物种，对当地的生态系统造成致命的灾害，并严重危害到国家的经济发展和生态安全。目前，我国确认的外来入侵物种已达544种，其中大面积发生、危害严重的达100多种，每年造成上千亿元的经济损失，一场没有硝烟的战争正在打响。

　　例一：清道夫鱼原产拉丁美洲，最初作为观赏鱼引入我国，可有的"清道夫"则被人放入江河湖泊等天然水域中，对水域生态造成了极大的破坏。由于清道夫鱼繁殖能力强，每

清道夫鱼在广东赤坎水库成灾

次可产卵300～500颗，因没有天敌，孵化率几乎达100%，它们主要以其他鱼类的卵为食，一天能吃掉3000颗鱼卵，还要吃掉鱼苗，给区域生态平衡带来严重的危机。此种鱼放在水库中，也会对水库大坝造成严重影响。

　　例二：水葫芦学名凤眼莲，原产于巴西。20世纪五六十年代，我国粮食紧缺，从南美引入水葫芦作为猪饲料广泛种植，但因其营养价值低，逐渐放弃逸为野生。水葫芦生长速度很快，能在短期内把整个水面遮掩住，消耗大量溶解氧，逼得其他水生物无法生存。特别是在秋季，

水葫芦阻塞河道

它的根叶会迅速腐烂，不仅堵塞水上交通，还会污染水源，影响航道运输，严重影响农业正常生产和水利排灌，成为"绿色污染元凶"。

例三：薇甘菊原产于南美洲和中美洲，现已广泛传播到亚洲热带地区。1984年，深圳发现薇甘菊，后传播至整个珠江三角洲，广东全省薇甘菊分布面积达51万亩。薇甘菊是多年生藤本植物，生长迅速，通过攀缘缠绕并覆盖附主植物，排出毒素抑制自然植被和作物的生长，阻碍光合作用继而导致附主死亡。薇甘菊对森林生态系统构成了严重威胁，是世界上最具危险性的有害植物之一。

薇甘菊在珠三角大肆蔓延

小故事 小鸟天堂

在广东新会天马村天马河的河心沙洲上，有一个全国闻名的天然赏鸟乐园，被

独木成林的大榕树

人们称为"小鸟天堂"。河心沙洲上，长着一株生于明末清初、500多岁的老榕树。榕树的树枝垂到地上，扎入土中，成为新的树干，随着时间的推移，榕树冠大得出奇，覆盖在小岛之上，独木成林。

在枝繁叶茂的古榕树冠部，栖息着成千上万只鸳鸯、八哥、斑鸠、灰鹭、白鹭、池鹭和牛背鹭等40多种鸟类，每当晨光熹微或暮色苍茫之际，群鸟比翼展翅，凌空翔翔，嘎嘎而鸣，蔚为奇观。清澈的河水在大榕树下潺潺流过，

鸟的天堂

成群的鱼虾虫蟹在水中戏耍。这一美景让我国著名作家巴金流连忘返，并写下了著名的散文《鸟的天堂》，文中写道："这棵榕树好像在把它的全部生命力展览给我们看。那么多的绿叶，一簇堆在另一簇上面，不留一点缝隙。翠绿的颜色明亮地在我们的眼前闪耀，似乎每一片树叶上都有一个新的生命在颤动，这美丽的南国的树！"

四、我们面临的生物多样性锐减问题

　　我国新疆的准噶尔盆地，曾经是野马的故乡，20 世纪 70 年代以后，人们再也没有在那里见到野马的踪迹。世界上最大的两栖类动物娃娃鱼，经过 2 亿年的严峻考验，随大陆漂移流浪到川、陕、鄂三省交界的深山角落里。1983 年，在竹溪县万江河，出现了一场娃娃鱼大屠杀，上千人不分白天黑夜，在几十条大川峡谷之中，捕杀了重达 3 万多千克的娃娃鱼。如此大量的娃娃鱼，无辜死于"屠刀"之下，令人目不忍视。

　　生物多样性是指在一定时间和一定地区所有生物物种及其遗传

变异和生态系统的复杂性总称，它包括基因多样性、物种多样性和生态系统多样性三个层次。

生物多样性的价值是巨大的，是人类赖以生存的基础。它提供着人类基本所需的全部食品、许多药物和工业原料。生物多样性对于人类社会的重要作用是难以估计的，全球经济大约有 40% 是基于生物的产品和工艺方面的。

大旗瓣凤仙花　　　　谷精草　　　　绿色植被

针阔叶混杂林　　　　尖囊兰　　　　山蕉

生物的多样性

生物多样性的直接价值。生物多样性为人类提供了基本食物，全世界估计有8万余种陆生植物，而现在仅有150余种被大面积种植作为食品。生物多样性还为人类提供了各种工业原料，如木材、纤维、橡胶、造纸原料、天然淀粉、油脂等。现代工业生产还需要开发更多和更新的生物资源，以提供各种工业生产中必需的原材料和新型的能源。

生物多样性的间接价值。生物资源的间接价值与生态系统的功能有关，它们的价值可能大大超过其直接价值。生物多样性的间接价值也可看作环境资源的价值，在调节气候、稳定水分、保护土壤、

促进元素循环、维持生物进化过程、对污染物的吸收和降解等方面具有重要的作用。

野外已灭绝的圣赫勒拿岛红杉

问题1：物种灭绝速度快

全球生物物种最多的时候，曾经达到过2亿多种，目前仅存大约800万～1000万种。如今，由于人类对野生动物滥捕，对森林滥砍，或采用"化学战"方式污染环境，使得地球上的野生动植物正在以惊人的速度走向灭亡。据推测，在几次生物大灭绝的灾难中，生物灭绝速率是"每千年一种"。然而从16世纪到19世纪的300年间，鸟兽灭绝了75种。20世纪70年代末期，物种灭绝速率变为每天一种。到20世纪90年代初，有人估计物种灭绝速率是每小时一种，到2015年有100万种生物物种从地球上消失。如果热带雨林不能得到保护，地球上将有80%的植物和400万种生存在雨林中的生物随之消失。现在，已经灭绝或野生状态下已经灭绝的物种有861种。《世界自然保护联盟濒危物种红色名录》将濒危物种分成3级，属于最高级别"极有可能灭绝"的物种有3801种。生物多样性保护遭受到严峻的挑战。

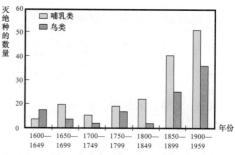

不同时期哺乳动物和鸟类灭绝的数量

近百年来，物种的灭绝速度比自然速度快了1000倍。全世界每天有75个物种灭绝，每小时有3个物种灭绝。我国是一个野生动物资源非常丰富的国家，但由于生态环境的恶化、野生动物栖息地的人为破坏，以及乱捕滥猎等违法行为屡禁不止，致使我国野生动物的数量和分布范围正在日益减少和缩小，许多种类已处于濒临灭绝的边缘。目前我国已经有 10 多种哺乳类动物灭绝，还有 20 多种珍稀动物面临灭绝。而近几年，滥食野生动物的现象屡禁不止，使得许多已经处于濒临灭绝状态的野生动物数量锐减。"物种一旦灭绝，便不可再生，生物多样性的消失将造成农业、医药卫生保健、工业方面的根本危机，造成生态环境的破坏，威胁人类自身的生存。"

问题 2：基因多样性遭受破坏

进入后工业文明以后，对基因工程技术的不恰当利用，造成对基因多样性的重大危害。以植被来说，人类对转基因植物的研究使粮食产量提高，却直接或间接导致了对基因多样性的破坏。转基因作物的高产使得人类似乎已经不需要更多的粮食作物品种。目前，人类的粮食作物从 5000 多种锐减到 150 多种。

问题 3：全球生态系统受到破坏

联合国教科文组织在其提供的一份背景材料中指出，全球估计有 3000 万种生物物种，但目前科学文献有详细记载的不到 150 万种。因生态系统丧失所导致的后果极为严重，以珊瑚礁减少为例，由于珊瑚礁减少，沿海地区遭受了比印度洋海域更严重的风暴灾害。

生态系统遭到破坏

五、对生物多样性锐减的担忧

生态系统能给人类和人类福祉带来大量好处，而这需要以生物多样性为基础。生物多样性的作用已经超出了确保原料供应，扩大到安全、复原能力、社会关系、健康和选择的自由等方面。

知识卡 生物多样性丧失的负面影响

粮食安全： 生物多样性往往是一个"安全网"，能够提高粮食安全，增强一些地区适应外部经济和生态干扰的能力。

气候脆弱性： 许多地区过去几十年来经历了越来越多的自然灾害。例如，红树林和珊瑚礁是优良的自然防洪防风缓冲带，它们的消失使得沿海地区遭受日益严重的水灾。

健康： 均衡的饮食取决于食物的供应情况，而这又有赖于生物多样性的保护。

能源安全： 在发展中国家，木材燃料占能源使用量的一半以上，薪柴短缺在得不到廉价替代能源的高人口密度地区时有发生。在这些地区，人们很容易受到疾病和营养不良的影响，因为他们缺乏为家庭供暖、做饭和烧水所需的资源。

清洁水： 森林的不断丧失和流域的破坏，减少了生活和农业用水的质量和可得性。与建立并经营水过滤设施相比，通过保护生态系统确保持续提供清洁饮用水具有高得多的成本效益。

基本材料： 生物多样性提供了各种资源，如植物和动物，以满足个人需要，以赚取收入，确保可持续的生计。除了农业之外，生物多样性还有利于其他多个部门，包括生态旅游、制药、化妆品和渔业等。

生物多样性锐减的原因多种多样，具体如下：

第一，由于人口的急剧增长，人类对自然资源的开发利用大大增加。渔业资源的过度捕捞、森林砍伐、野生动植物的滥捕滥采

南加州公路给动物留下的通道

等一些过度开发利用生物资源的行为，导致生物多样性锐减。

第二，工业废水、汽车尾气、固体垃圾、原油泄露等，这些都使生物生存的环境急剧恶化。

第三，外来生物入侵每年给人类和环境造成的损失是巨大的，它减少了当地物种种类，有些当地物种甚至濒危或灭绝，大大降低了生物多样性。另外还导致生

大量的废弃物

态系统退化，破坏了景观的自然性和完整性，影响当地遗传多样性等。

实例1：濒危的华南虎

华南虎生活在中国中南部，目前估计世界上的野生华南虎仅有 20～30 只，还有 47 只华南虎生活在我国 18 个动物园中。华南

虎是老虎中最小的几个亚种之一。雄虎从头至尾身长约 2.5 米，体重接近 150 千克；母虎更小，身长约 2.3 米，体重接近 110 千克。广东是华南虎的老家，但是近 20 多年，在广东野外都找不到华南虎的踪迹，令人感到十分忧虑。为此，广东省在粤北韶关地区建立了华南虎自然保护区，总面积达 7 万公顷。生物多样性不断减少的趋势在短时间内还难以扭转，需要长期持久的努力。

实例 2：濒危的中华白海豚

中华白海豚属于鲸目的海豚科，是宽吻海豚及虎鲸的近亲。很多市民及渔民均以为中华白海豚是一种鱼，其实不然，中华白海豚与其他鲸鱼、海豚一样，属于哺乳动物。它与人类一样恒温，用肺部呼吸，怀胎产子，用乳汁哺育幼儿。

我国发现白海豚的纪录最早是在唐朝。清朝初期，广东珠江口一带称它为卢亭，也有渔民称之为白忌和海猪。刚出生的中华白海豚体色深灰，年轻的呈灰色，成年的则呈粉红色。

中华白海豚素有"美人鱼"和"水上大熊猫"之称，是国家一级保护动物。它主要分布于西太平洋、印度洋，常见于我国东海。据近年有关调查资料，中华白海豚在我国分布比较集中的区域有两个，一个是厦门的九龙江口，另一个是广东的珠江口。由于海域围垦、海洋海岸开发以及环境污染、渔船误捕等原因，中华白海豚数量日渐减少，亟待保护。

六、保护生物多样性的行动

华南虎、云豹、黄腹角雉等是广东省珍稀野生动物中的宝贝，属于国家一级保护野生动物。然而近年来，森林植被破坏、乱捕滥猎、乱挖滥采、环境污染等问题出现，我们人类的邻居——野生动物数量急剧减少甚至消失。

面对野生动物数量急剧减少甚至消失的情况，国际上订立了一份公约——《濒临绝种野生动植物国际贸易公约》，它呼吁各缔约国对某些物种的贸易形式加以限制，并以文件引证方式记载该物种的贸易情形。《濒临绝种野生动植物国际贸易公约》的精神在于管制而非完全禁止野生物种的国际贸易，它用物种分级与许可证的方式，以达成野生物种市场的永续利用性。

巨蜥是巨蜥属的，为国家一级保护野生动物。其体长一般为 60～90 厘米，体重一般为 20～30 千克，尾长通常约占身体长度的3/5。其以陆地生活为主，喜欢栖息于山区的溪流附近或沿海的河口、山塘、水库等地。

熊猴是灵长目猕猴属下的一种猴子，为国家一级保护野生动物，其主要栖息于季风常绿阔叶林、落叶阔叶林、针阔混交林或高山暗针叶林。其进攻时，会摇晃树枝，认输时会后半身对着优势猴，胜利时会朝对方竖起自己的尾巴，遇惊时会先爬上树顶再隐匿到草丛中。

白鹳是大型涉禽，为国家一级保护野生动物，主要栖息于开阔而偏僻的平原、草地和沼泽地带。其羽毛以白色为主，翅膀具黑羽，成鸟具有细长的红腿和细长的红喙。

中华秋沙鸭是鸭科秋沙鸭属的鸟类，为国家一级保护野生动物，是中国的特有物种，主要栖息于湍急河流或开阔湖泊。其嘴长而窄，呈红色，鼻孔位于嘴峰中部，羽冠长而明显，成双冠状。

知识卡 广东的野生动植物保护行动

广东省的地理环境是"七山一水二分田"，这种地理环境不仅使广东省成为我国自然保护区和森林公园数量最多的省份，也是我国野生动植物资源最丰富的省份。目前，广东省共有陆生脊椎野生动物774种，其中列入国家重点保护野生动物名录的有114种，广

乳源青溪洞省级森林及珍稀动植物保护区

东省重点保护陆生野生动物76种，国家规定保护的有益或有重要经济、科学研究价值的陆生野生动物584种。广东省有高等植物280科1643属7055种，其中列入一级保护的有9种，二级保护的有45种。为了保护、

发展与合理利用野生动植物资源，维护生态平衡，早在1984年，广东省就成立了野生动植物保护协会。2001年，广东省根据《中华人民共和国野生动物保护法》，结合广东的实际，制定了《广东省野生动物保护管理条例》，并获广东省第九届人大常委会第二十六次会议通过。目前，广东省已建成了南岭、车八岭等国家自然保护区13个，从化陈禾洞等省级自然保护区64个，雷州湾中华白海豚、茂港红树林等市县自然保护区38,800个，这些大大小小的自然保护区，犹如繁星点点，遍及全省各地。这些自然保护区，对于建设"天更蓝、水更清、地更绿、城更靓"的广东发挥着重要的生态作用。

🐦小故事 广东省省鸟——白鹇

大家好，我叫白鹇，是广东省的省鸟。我体态娴雅、外观美丽，自古就是著名的观赏鸟。我白天喜欢藏起来，黄昏时分才跑出来舒展一下筋骨，晚上就躲在树上睡觉。我很爱清洁，经常做沙浴。我爱吃昆虫、植物茎叶、果实等，但是我的栖息地在当今人类经济活动中受到很大的威胁。例如，人们烧柴、采矿、采集中草药、修建公路等，都会破坏我们的生存环境，使得我们的数量锐减。为了我们共同的家园，我们一定要保护好我们生存的生态环境！

雄白鹇　　　　　　　　雌白鹇

七、成功的保护经验

经验 1：公约型——联合国

自 1992 年巴西联合国环境与发展大会通过《生物多样性公约》以来的 20 多年间，世界各国在开展生物多样性保护和可持续利用生物资源方面已取得卓有成效的进展。然而，影响生物多样性保护与管理成效的一个重要因素是国家生物多样性管理体制。由于政治体制的差异，各国在生物多样性管理体制方面的做法也不尽相同。

经验 2：监管型——英国、德国

英国建立了名为"英国自然保护局"（Natural England）的政府机构，以具体主管生物多样性保护。英国自然保护局的主要任务是：通过监管各地区生物多样性现状和履约情况，加强城市、农村、海岸和海洋的生物多样性、景观和野生动物的保护；通过监督可持续利用自然资源，促进娱乐和公共福利。英国自然保护局还负责协调和管理政府中与生物多样性保护相关各部门的履约工作，监督各部门在履行《生物多样性公约》中的工作进展。英国还建立了一个独特的部门协调机制——自然保护联合委员会，由政府部门、机构、物种资源收集库以及地方政府、非政府组织和学术团体组成。这个协调机构的成员代表了社会各界的方方面面，吸引了所有利益相关方的决策参与。此外，英国还建立了公众参与的生物多样性监测和监督机制，这包括公众对实现生物多样性保护目标的监督，亦包括自愿参加保护生物多样性的各种活动。例如，在英国有 2300 位自愿者参加了物种样方调查，每平方千米的样方数可达 2800 个。

　　德国于 1986 年成立了"联邦环境、自然保护和核安全部"，作为德国联邦政府负责全国环保事务和生物多样性保护的主要机构。该部主要包括三个分支机构：联邦环境局、联邦自然保护局以及联邦核安全局。其中联邦自然保护局（BFN）是联邦层面上负责自然保护、景观管理和生物多样性事务的核心机构。根据联邦政府的结构体系，各州统筹负责生物多样性的保护与管理。同时，还有非政府领域中的各种利益集团和组织，他们一方面监督着政府与生物多样性保护的相关活动，另一方面又成为实施特定措施必不可少的合作伙伴。

第五章 美丽的海洋

　　大约在45亿年以前，随着地球表面的地壳逐渐冷却，大气温度渐渐降低，水汽以尘埃与火山灰为凝结核，变成水滴，越积越多。由于冷却不均，空气对流剧烈，形成雷电狂风，暴雨浊流，雨越下越大，一直下了几百年。滔滔的洪水，通过千沟万壑，汇集成巨大的水体，形成了原始的海洋。原始的海洋，海水是带酸性、缺氧的，经过亿万年水量和盐分的逐渐增加，海水变成了大体均匀的咸水，加上地质的沧桑巨变，原始海洋逐渐演变成今天的海洋。

一、什么是海洋

海洋，是生命的摇篮，它哺育着形形色色的海洋生物，这里有美丽灿烂的珊瑚、五彩缤纷的海葵、喷云吐雾的乌贼……海洋，是资源的宝库，它蕴藏着众多的宝藏，这里有丰富的石油、滨海沙矿、深海锰矿……海洋，是人类文明的赋予者，

海上风光

它的奥秘吸引着人类去探索，这里有位置重要的峡湾、未来的海底要塞、新能源的要地、科技资源的仓库……

海洋是地球表面被各大陆地分隔但又彼此相通的广大水域，其总面积约为 3.6 亿平方千米，约占地球表面积的 71%。海洋的中心部分称作洋，

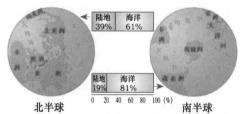

世界海洋与陆地的面积比例图

边缘部分称作海，地球上有太平洋、大西洋、印度洋、北冰洋四大洋和北海、地中海等众多的海。

知识卡 **海与洋的区分**

洋是海洋的主体，位于海洋的中心部分。世界上共有太平洋、印度洋、大西洋、北冰洋四大洋，它们的总面积约占海洋面积的 89%。大洋的水深，一般在 3000 米以上，最深处位于太平洋的马里

亚纳海沟，深达1万多米。由于大洋离陆地遥远，它的水温和盐度变化不大，它的水色蔚蓝，透明度很大，水中的杂质很少。每个大洋都有自己独特的洋流和潮汐系统。

太平洋部分图

　　海是大洋的附属部分，位于洋的边缘，面积约占海洋的11%，它的水深比较浅，平均深度从几米到2～3千米。海可分为边缘海、内陆海和地中海，如中国的东海、南海就是太平洋的边缘海，欧洲的波罗的海就是内陆海。由于海临近大陆，受大陆、河流、气候和季节的影响，海水的温度、盐度、颜色和透明度有明显的变化。如，在大河入海的地方，或多雨的季节，海水会变淡；陆上的河流夹带着泥沙入海，近岸海水混浊不清，海水的透明度差。

小故事 海洋中的花和果——海绵

　　海绵看上去像植物，被称为"海洋中的花与果"。但实际上它是6亿年前就已经生活在海洋里的最原始的多细胞动物，是海洋中一个庞大的家庭，约有1万多种，它们主要生活在海洋的潮间带到8500米深处。它的长相千姿百态，有片状、块状、圆球状、扇状、管状、瓶状、壶状、树枝状，可都没有头与尾，也没有躯干和四肢，更没有神经和器官。它的外衣绚丽多彩，有黄色的、红色的、白色的，但穿什么外衣它自己不能决定，要由其体内共生的不同种类的海藻来决定。它全身布满了长着许多鞭毛的小孔和一个筛子状的环

状物，它用孔内鞭毛的摆动吸收进海水，海洋中的氧气、细菌、微小藻类和其他有机碎屑随着海水进入其体内并经环状物过滤，成为海绵维持生存的养料。它喜欢在鲍鱼和牡蛎的壳上到处钻洞，然后在它们的壳上寄居下来。

珊瑚礁海绵　　　　　　　花瓶海绵　　　　　　　　鲜花海绵

古代，人们很早就知道将海绵利用在日常生活、工艺和医学中。人们将海绵从水中捞起来，在海滨上挖坑埋藏，等其烂掉肉质，剩下纤维状交织的骨骼，将其漂洗，就成为人们生活、工艺和医学中用到的海绵。它可以用来做油漆刷子、钢盔的衬垫、光纤电缆等，也可以用来治疗脚痛、肿瘤、心血管和呼吸系统等疾病，还可以用来降解海水污染物，海绵真是一个宝！

二、海洋为我们的发展提供了什么

地球是茫茫宇宙中一颗美丽的蓝色"水球"。蔚蓝色的海洋，占地球表面积的71%，它蕴藏了丰富的矿产资源、食物资源、油气资源、淡水资源、航运资源、旅游资源、生物资源、药物资源、能源，是人类生存与发展的物质基础。

旅游资源是海洋旅游业发展的基础，它可分为自然与人文两类。自然类主要由地文景观、水域风光、气象与气候景观、生物景观构成，人文类主要由历史遗址、人文活动、现代建筑与设施、海洋旅游商品构成。

航运资源是航运业的基础，它可分为内河航运、沿海航运和远洋航运。我国是世界海洋国家之一，有漫长的海岸线，港湾众多，有横贯东西的长江等大河入海口和 5000 多条内河，众多的港口，有利于江海联运。

生物资源是海洋中蕴藏的有生命、能自行增殖、不断更新的经济动物和植物的群体数量。它可以分为鱼类资源、软体动物资源、甲壳动物资源、哺乳类动物资源和海洋植物资源等。海洋生物资源是人类食物的重要来源和重要的医药原料、工业原料。我国有约 300 万平方千米的海域，海洋鱼类近 2000 种，其中 300 多种是重要的经济鱼类；大陆架渔场面积有 150 万平方千米，居世界第一。

矿产资源主要包括海滨、浅海、深海、大洋盆地和洋中脊底部的各类矿产资源。如滨海砂矿，因其富集在滨海地带的砂层中而得名，其通常蕴藏着大量的金刚石、砂金、砂铂、石英以及金红石、锆石、独居石、钛铁矿等稀有矿物，滨海砂矿在浅海矿产资源中，其价值仅次于石油与天然气，居第二位。

海洋是个聚宝盆，它蕴藏着丰富的石油、天然气、煤、铁、铜、锡、锰、硫、可燃冰等资源。

我国海洋石油总储量达 1450 亿吨，占世界石油总储量的 45% 以上，储藏的天然气约 140 万亿立方米。目前，陆地上的煤、石油等矿藏，由于长期开采，已越来越少，世界上许多地方都在闹"能源危机"。为了解决这个问题，人类便把目光转向海洋，致力于海洋矿产资源的开发。如今，一座座海洋石油平台已矗立在海涛之中，一艘艘海洋考察船已驶向大洋深处，先进的海底探测器也已潜入深海大显神威。

海上钻井平台

蕴藏在海底的石油和天然气是有机物质在氧气不能自由进入的还原环境中经过复杂的物理、化学变化演变而成的。要开采这些丰富的海洋石油和天然气需要经过勘探和开采两个阶段。在勘探阶段，一般运用地球物理勘探法和钻井勘探法，探明油气藏的构造、含油面积和储量。在开采阶段，一般通过钻生产井、采油气、集中、处理、贮存及输送等环节来实现。供油气开采的工程设施主要有：装有集油气、处理、计量以及动力和压缩设备的平台，海上储油池、储油罐和储油船，海底输油气管线，油气外运码头。

可燃冰全球储量丰富，可供人类使用1000年。我国南海北部蕴藏着丰富的天然气水合物（俗称"可燃冰"）资源。2013年，我国海洋地质科技人员在广东沿海珠江口盆地东部海域首次钻获高纯度"可燃冰"样品，此次发现的天然气水合物样品具有埋藏浅、厚度大、类型多、纯度高等主要特点，其控制储量约为1000亿～1500亿立方米，相当于特大型常规天然气矿规模。

可燃冰

可燃冰分布于深海沉积物或陆域的永久冻土中，是由天然气与水在高压低温条件下形成的类冰状的结晶物质。其外观像冰一样，而且遇火即可燃烧，燃烧后几乎不产生任何残渣，污染比煤、石油、天然气都要小得多，被视为未来石油、天然气的替代能源。但如果开采技术不过关，容易造成环境污染。

海水中溶有大量无机盐类，现在确定的有80多种元素，其中17种是陆地上稀缺的。我国沿海宜盐土地及滩涂资源约0.84万平方千米，其中黄海、渤海沿岸占全国的82%。我国是世界海盐第一生产大国，从辽东半岛到海南岛，沿海12个省、直辖市、自治区有30多座盐区（场），其中辽东湾盐区、长芦盐区、山东盐区、淮盐产区、莺歌海盐场和布袋盐场集中了我国50%以上的海盐资源。

海水晒盐

海水晒盐是指通过一系列工艺，将海水中的水分蒸发，得到海盐的过程。其传统的方法为"盐田法"，过程是先将海水引入蒸发池，经日晒蒸发水分到一定程度时，再倒入结晶池，继续日晒，海水就会成为食盐的饱和溶液，再晒就会逐渐析出晶体，即是我们常见的"粗盐"，剩余的液体称为母液，可从中提取多重化工原料。

潮汐、海流、波浪、海风蕴含着大量的能源，这些都是取之不尽、用之不竭的能量来源。

波浪能是风把能量传递给海洋而产生的，是一种最不稳定的海洋能量，可用于发电。波浪能发电是通过波浪能装置将波浪能首先转换为机械能（液压能），然后再转换成电能。

波浪能

潮汐能被称为蓝色的煤海。潮汐是沿海地区的一种自然现象，我国古代将白天的河海涌水称为"潮"，晚上的河海涌水称为"汐"，其合称为"潮汐"，它是在日、月等天

潮汐能

体的引潮力作用下而产生的，其产生的水的势能可用来发电。我国大陆海岸线曲折，全长约 $1.8×10^4$ 千米，沿海还有6000多个大小岛屿，组成 $1.4×10^4$ 千米的岛屿海岸线，漫长的海岸蕴藏着十分丰富的潮汐能资源。

随着人类发展逐渐向海洋推进，海洋将为人类提供广阔的活动空间。目前，海洋空间利用已从传统的交通运输，扩大到生产、通信、电力传送、文化娱乐等诸多领域。如围海造陆、建造人工岛等，就是海洋为人类提供的新的生活空间。

珠澳口岸人工岛

珠澳口岸人工岛位于珠海拱北湾南侧，是填海后建成的。其是集交通、管理、服务、救援和观光功能于一体的综合运营中心，观景平台供游客观景览胜。

海洋旅游业是新崛起的"无烟工业"，海岸、海岛及近海都有很多风光秀丽的自然景色和引人入胜的人文景观。

海滨风光

美丽的海岛

缤纷的海底世界

知识卡 海水的流动——洋流

　　洋流又叫海流，是指大洋表层海水常年大规模的沿一定方向进行的较为稳定的流动。洋流是地球表面最大的热能传送带，促进了地球高低纬度地区的能量交换，影响着世界气候的变化，改变了其流经区域的环境特征。洋流可以分为暖流和寒流，一般由水温较高的低纬度流向水温较低的高纬度的洋流称为暖流，由水温较低的高纬度流向水温较高的低纬度的洋流称为寒流。海轮顺洋流航行可以节约燃料，加快速度。暖寒流相遇，往往形成海雾，对海上航行不利。

小故事 郑和下西洋

　　随着我国古代造船业和航海技术的发展，在1405—1433年间，明成祖命三宝太监郑和率领两百多艘海船、2.7万多人从太仓的刘家港起锚，7次远航西太平洋和印度洋等30多个国家，曾到达东非、红海等地。

郑和下西洋的船队编制

郑和船队的船舶共分为宝船、马船、粮船、座船和战船五种类型，其中最大的宝船长四十四丈四尺，宽十八丈，载重量八百吨，可容纳上千人，是当时世界上最大的船只。船队以宝船为主体，按照海上航行和军事组织原则将船队按舟师（即现在的舰艇部队）、两栖部队（即现在的登陆部队）、仪仗队（即近卫和对外交往时的礼仪部队）三个序列进行编制。

司南

远航期间，郑和使用海道针经（24/48方位指南针导航）并结合过洋牵星术（天文导航）来确定航向。白天，船队用指南针导航，并以约定方式悬挂和挥舞各色旗带，组成相应的旗语；夜间则用观看星斗和水罗盘定向的方法保持航向，并以灯笼反映航行时的情况；遇到能见度差的雾天下雨天，配有铜锣、喇叭和螺号用于通信联系。先进的航海技术和造船技术及充足的淡水、食物储备，使郑和的船队能够在"洪涛接天，巨浪如山"的险恶条件下，"云帆高张，昼夜星驰"，很少发生意外事故。

郑和下西洋是中国古代规模最大、船只最多、海员最多、时间最久的海上航行，比欧洲国家的航海时间早几十年，体现了明朝的强盛。它传播了先进的中华文明，加强了东西方文明间的交流，开拓了海外贸易。

郑和下西洋图

三、我们身边的海洋

在我国大陆东部自北向南呈弧状分布着渤海、黄海、东海、南海四大太平洋西部的边缘海,被称为"中国近海",是我国的四大海域。在四大海域中,南海是距离岭南地区最近的一个外海,也是位于我国最南部的陆缘海,它被我国大陆、我国台湾岛,菲律宾群岛,大巽他群岛及中南半岛所环绕,位居太平洋和印度洋之间的航运要冲,在经济上、国防上都具有重要的意义。

南海约有 356 万平方千米,面积相当于 16 个广东省。中国最南边的曾母暗沙距广东省约 2000 千米,这要比广州到北京的路程还远。南海也是中国最深的海区,平均水深约 1212 米,中部深海平原中最深处达 5567 米,比大陆上青藏高原的平均高度还要大。南海海水表层水温较高,有 25℃~28℃,年温差为 3℃~4℃,盐度为 35‰,平均潮差 2 米,适宜珊瑚繁殖,在海底高台上,形成了很多风光绮丽的珊瑚岛。南海水产丰富,盛产海龟、海参、牡蛎、马蹄螺、金枪鱼、红鱼、鲨鱼、大龙虾、梭子鱼、墨鱼、鱿鱼等热带名

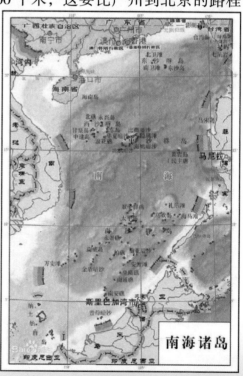

南海地图

贵水产。南海诸岛很早就为我国劳动人民发现与开发，是我国领土不可分割的一部分。

知识卡 《2015年中国环境状况公报》节选

2015年，全国地表水总体为轻度污染，部分城市河段污染较重。全国废水排放总量为695.4亿吨，其中工业废水排放量为209.8亿吨，城镇生活污水排放量为485.1亿吨。全国十大

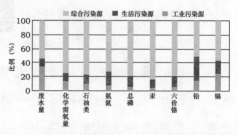

2014年不同类型直排海污染物排放情况

水系水质一半污染；国控重点湖泊水质四成污染；31个大型淡水湖泊水质17个污染；9个重要海湾中，辽东湾、渤海湾和胶州湾水质差，长江口、杭州湾、闽江口和珠江口水质极差⋯⋯

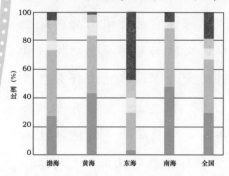

2014年全国及四大海区近岸海域水质状况

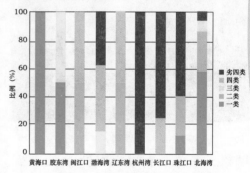

2014年重要海湾水质状况

小故事 四色海

世界著名的四色海是红海、黄海、黑海与白海。红海是印度洋的一个内陆海，它呈现狭长型卧于非洲东北部与阿拉伯半岛之间，

成为亚洲与非洲的天然分界线。红海在大多数时候并不呈红色，但是偶尔会季节性地呈现红色。为什么呢？原来红海表层海水中大量繁殖着一种红色海藻，使得海水略呈红色，海中许多

红海

色泽鲜艳的贝壳，浅海地带有大量黄红的珊瑚沙，它们将红海打扮得红艳艳。同时，红海两岸是一片绵延不断的红黄色岩壁，这些红黄色岩壁将太阳光反射到海上，使海上也红光闪烁，加上红海海面上常有来自非洲大沙漠的风，送来一股股红黄色的尘雾，它们弥漫在天空中，将红海染得更红。因此，古希腊人将这片海域称为"红色的海洋"。

黄海

黄海是太平洋西部的一个边缘海，它呈近似南北向卧于中国大陆与朝鲜半岛之间。黄海的大片水域水色为什么呈黄色呢？历史上，黄河有七八百年的时间携带大量的泥沙注入黄海，后来黄河虽然改道流入渤海，但朝鲜半岛的汉江、大同江、清川江和我国的长江、淮河等大小河流也带来了大量泥沙，使海水含沙量大。加上黄海水深平均为44米，水层浅，盐分低，泥沙不易沉淀，大量泥沙将黄海近岸的海水染成了黄色，黄海也因此得名。

黑海是欧亚大陆的一个内海，也是世界上最大的内陆海，它卧于欧洲东南部和亚洲小亚细亚半岛之间。黑海的海水为什么是黑色

的呢？原来，黑海地区年降水量为 600～800 毫米，同时汇集了欧洲一些较大河流的径流量，年平均入海水量达 355 亿立方米，这些淡水量总和远多于海面蒸发量，淡化了表层海水的含盐量，使黑海平均盐度

黑海

只有 12‰～22‰。由于表层海水盐度较低，在上下水层之间形成密度跃层，严重阻碍了上下水层的交换，导致深层海水严重缺氧。海水在缺氧和有机质存在的情况下，经过特种细菌的作用，硫酸盐产生分解而形成硫化氢等，硫化氢呈黑色，致使深层海水呈现黑色。同时，硫化氢对鱼类有毒害，因而黑海除边缘浅海区和海水上层有一些海生动植物外，深海区和海底几乎是一个死寂的世界，黑海也因此得名。其实，黑海的水并不黑，它的黑色是海底淤泥或风暴来临时天色灰暗，加上两岸峭壁高耸衬托出黑色的效果。

白海

白海是北冰洋的边缘海，是北冰洋的巴伦支海（Barents Sea）伸入的欧洲俄罗斯部分而几乎被陆地围住的水域。白海处于高纬度，气候严寒，一年中约有 200 多天被雪白的冰层覆盖，呈现出一片冰雪茫茫的景象。同时，阳光照到冰面上产生了强烈的反射，加上白海有机物含量少，致使我们看到的海水是一片白色。白海因此得名。

四、我们面临的海洋开发与利用问题

　　平静、深邃、绚丽、浩瀚的海洋为人类的生存与发展提供了广阔的空间。但人类对海洋的过度开发与利用，给海洋生物资源、海洋生态环境等造成了危机。

撒网捕捞

　　随着世界人口的急剧增长，世界渔业生产的发展速度很快，很多渔区产生了"过度捕捞"现象。过度捕捞是指人类的捕鱼活动导致海洋中生存的某种鱼类种群不足以繁殖并补充种群数量，其结果会导致整个海洋生态系统的退化。如1992年，素以"踏着水中鳕鱼群的脊背就可以走上岸"著称的加拿大纽芬兰渔场，由于过度捕捞，在捕鱼季节竟没有出现一条鳕鱼，导致作为鳕鱼资源最丰富的该渔场已成为历史。在我国，大黄鱼、小黄鱼曾经是我们餐桌上常见的美食，与带鱼、乌贼并称为中国近海的"四大海产"。但是由于过度捕捞，在《中国物种红色名录》中，它们均被列为"易危"物种。

渔民捕鱼

珊瑚礁生态系统是地球上最古老、最多姿多彩，也是最珍贵的生态系统之一，同时是最大程度上反映海洋生物多样性的理想宝库"住所"。由于海水酸化、水温上升、过度捕捞、污染严重、敌害生物爆发、珊瑚的非法采捞等人为因素和台风引起的大浪、海底地震引发的大海啸等自然因素导致珊瑚衰退。珊瑚礁生态系统受到破坏，会导致海洋生物食物链遭到破坏、海洋生物多样性下降、海水对岸礁侵蚀加剧等生态问题。

海洋热浪，将澳大利亚蒙特贝洛群岛附近一座古老的珊瑚头部被漂白，使珊瑚礁无法为色彩斑斓的鱼群提供庇护，导致海洋生物锐减

采集几克红珊瑚会使几万平方米的海底变成沙漠

海洋石油污染是石油及其炼制品在开采、炼制、贮运和使用过程中进入海洋环境而造成的污染，它是目前一种世界性的严重海洋污染。海上的油膜会阻碍大气与海水之间的气体交换，影响海面对电磁辐射

海面大面积的油污染

海鸟遭受油污染   油污导致灰鲸死亡

的吸收、传递和反射，同时加速冰层融化，潜在影响全球海平面变化和长期气候变化；减弱太阳辐射透入海水的能量，影响海洋植物的光合作用；会干扰生物的摄食、繁殖、生长、行为和生物的趋化性等能力，严重的会导致个别生物种丰度和分布的变化，改变群落的种类组成。海洋石油污染会改变某些经济鱼类的洄游路线，而着了油污的鱼、贝等海产食品，难以销售或不能食用。

　　海洋垃圾是海洋和海岸环境中具有持久性的、人造的或经加工的固体废弃物，它们一部分停留在海滩上，一部分会漂浮在海面或沉入海底。

　　海洋垃圾不仅影响海洋景观，威胁航行安全，也造成水体污染，影响海洋生态系统的健康。如，海洋中的塑料垃圾易被海洋生物误当食物吞下，由于塑料制品在动物体内无法消化和分解，误食后会引起胃

海龟特别喜欢吃酷似水母的塑料袋，海鸟则偏爱打火机和牙刷

部不适、行动异常、生育繁殖能力下降，甚至死亡。海洋生物的死亡最终导致海洋生态系统被打乱，对人类社会的经济发展造成负面影响。

海洋中废弃的渔网，它们在洋流的作用下，互相绞在一起，成为海洋哺乳动物的"死亡陷阱"，它们每年都会缠住和淹死数千只海豹、海狮和海豚等

沿海地区的石油化工、冶金、制药厂等，所排出的污水中往往含有较多的汞、镉、铜、铅等有毒重金属，会导致鱼群大量死亡

问题：赤潮

　　赤潮，又称红潮，国际上也称其为 "红色幽灵"，它是海洋生态系统中的一种异常现象。在沿海地带，含有大量营养物质的生活污水、工业废水和农业废水流入海洋后，导致近海、港湾富营养化程度日趋严重。当海藻家族中的赤潮藻在特定环境条件下爆发性地增殖或高度聚集时，从而引起水体变色，便形成了赤潮。当赤潮发生时,海水的颜色会因引发赤潮的生物种类和数量的不同而呈现黄、绿、红等色。

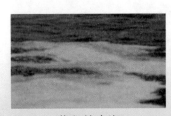

黄色的赤潮　　　　　绿色的赤潮　　　　　红色的赤潮

我国沿海地区容易发生赤潮的区域主要在江口、河口海区、内湾海区及养殖水体，如渤海、东海的长江口海域、舟山群岛、杭州湾、南海的海口湾等。赤潮发生的时间一般为5—10月。2009年至2013年期

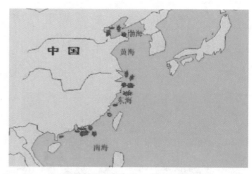

我国沿海赤潮分布

间，广东省海域共出现赤潮57次，累计面积达到1945平方千米。2016年4月，深圳大鹏湾出现夜光藻赤潮，白天海水呈橘红色，晚上海水受刺激时，呈现蓝色荧光色，或块状，或带状。

赤潮是一种世界性的公害，赤潮的发生，破坏了海洋正常的生态结构，威胁海洋生物的生存。如，赤潮生物会分泌出黏液，粘在鱼、

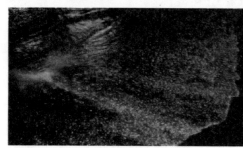

深圳出现荧光海景

虾、贝等生物的鳃上，妨碍其呼吸，导致其窒息死亡，这些含有毒素的赤潮生物被海洋生物摄食后能引起中毒死亡，人类食用含有毒素的海产品，也会造成类似的后果。

五、海洋不合理开发引发的担忧

海洋资源的开发利用，在很大程度上推动了经济的发展，满足了人类向海洋要效益的愿望，但在海洋开发迅速升温的同时，海洋

资源也正在承受着前所未有的压力。

实例1："仙境"之岛比米尼的开发

带给美国大文豪海明威灵感的"仙境"之岛比米尼，近日被马来西亚云顶集团看中，该集团将在岛上建立度假村。不过，对于这件事情，岛民态度不一，专家也对度假村的建设可能造成岛屿环境的破坏表示担忧。

比米尼岛瞰

据香港《文汇报》报道，美国大文豪海明威于20世纪30年代在位于巴哈马西北部的比米尼群岛度过了3个夏天，

受启发写成巨著《老人与海》和《岛之恋》。这片曾被他形容为"世界尽头"的人烟渺茫的仙境，最近被马来西亚云顶集团选中，与巴哈马政府签订了1.5亿美元（约11.6亿港元）合作协议，兴建大型赌场度假村。岛民因此分裂成正反两派，剑拔弩张。比米尼距美国佛罗里达州仅81千米，面积约23平方千米，人口约2000人，拥有14处全球最具价值的珊瑚礁，适合潜水，游客多为美国富豪，每年旅游业收入约8000万美元（约5亿人民币）。海洋生态学家斯顿普表示：过去百年，岛上经济均以生态旅游为主，若珊瑚礁受损，会影响龙虾、石斑等的生活环境，同时破坏岛上抵抗风暴的屏障。

实例2：美国墨西哥湾原油泄漏事件

墨西哥湾位于北美洲大陆东南沿海水域，部分为陆地环绕。通过佛罗里达半岛和古巴岛之间的佛罗里达海峡与大西洋相连，并经由犹加敦半岛和古巴之间的犹加敦海峡与加勒比海相通。2010年4月20日晚10点左右，英国石油公司在美国墨西哥湾租用的钻井平台"深水地平线"发生爆炸，导致大量石油泄漏。4月28日下午前，浮油"触角"已伸至距路易斯安那州海岸37千米处海域，并可能将于30日晚些时候漂至密西西比河

海面的浮油

三角洲地区。6月23日事故再次恶化，原本用来控制漏油点的水下装置因发生故障而被拆下修理，滚滚原油在被部分压制了数周后，重新喷涌而出，继续污染墨西哥湾广大海域。

墨西哥湾原油泄漏事件是美国历史上"最严重的一次"漏油事故。事故使路易斯安那州超过160千米的海岸受到泄漏原油的污染，污染范围超过密西西比州和阿拉巴马州海岸线的总长。事故使墨西哥湾沿岸生态环境遭遇"灭顶之灾"，污染可能导致墨西哥湾沿岸1000英里长的湿地和海滩被毁，渔业受损，脆弱的物种灭绝。

六、保护海洋在行动

辽阔的海洋里，生活着种类繁多、数量丰富的鱼类。但是，由于人类的过度捕捞，一些鱼类的数量在不断减少，甚至濒临灭

绝。每年夏季是海洋鱼类大量产卵繁殖和幼鱼生长的重要时期，为了保护海洋渔业资源，从 1998 年开始，我国的黄海、东海海域实施伏季休渔制度。该制度规定：北纬

伏季休渔

26°～35°，每年 6 月 16 日零时至 9 月 15 日 24 时，禁止所有拖网作业；北纬 35° 以北的黄海海域，每年 7 月 1 日零时至 8 月 31 日 24 时，禁止所有拖网和帆张网作业；北纬 24.5°～26° 的东海海域，每年休渔 2 个月，具体时间由福建省规定。多年来的实践证明，休渔制度缓解了过多渔船和过大强度捕捞对渔业资源造成的巨大压力，使渔业资源得到休养生息，具有明显的生态效益。

休渔制度

我国自 1999 年起，每年的 6 月至 8 月，在南海施行 2～3 个月的休渔制度。在此期间，禁止渔民在南海用拖网、围网等工具捕鱼。因此，大多渔民在这时候都不出海了。

休渔的成效

南海伏季休渔制度实行 15 年成效显著，渔船在休渔期间节约了生产成本，休渔结束后，渔民捕获的鱼类产量增加、质量更高。渔民群众的渔业资源保护意识得到强化，海洋渔业资源有所改善，保障了广东海洋渔业的可持续发展。

休渔放生节

广东省于 2008 年在全国率先设立"休渔放生节"，先后在全省各市举行，目前已经办到第七届。随着"休渔放生节"主题活动影响的逐渐扩大，已经由政府行为提升为一项社会公益性事业。

知识卡 人工鱼礁

海洋中的鱼礁是适合鱼类群集栖息、生长繁殖的海底礁石或其他隆起物，它周围的海流将海底的有机物和近海底的营养盐类带到海水中上层，促进各种饵料生物大量繁殖生长，为鱼类等提供良好的栖息环境

用废旧轮胎做的人工鱼礁

和索饵繁殖场所，使鱼类聚集而形成渔场。人们为了改善海域生态环境，营造海洋生物栖息的良好环境，在海中人为设置的构造物，被称为人工鱼礁。人工鱼礁的材料多为石块、树木、废车船、废轮胎和钢筋水泥预制板等。

在我国，人工鱼礁的设置可追溯到明朝嘉靖年间，现在的广西北海市一带的渔民，用20根大毛竹插入海底，同时在间隙中投入石块和竹枝等来诱集鱼群，进行捕鱼作业。进入2000年，以广东为开端，沿海省市又掀起了新一轮人工鱼礁建设高潮。在《广东省人工鱼礁管理规定》（2004年）中，按人工鱼礁的功能将其分为生态公益型人工鱼礁、准生态公益型人工鱼礁、开放型人工鱼礁。投放在海洋自然保护区或者重要渔业水域，用于提高渔业资源保护效果的为生态公益型人工鱼礁；投放在重点渔场，用于提高渔获质量的为准生态公益型人工鱼礁；投放在适宜休闲渔业的沿岸渔业水域，用于发展游钓业的为开放型人工鱼礁。

用水泥做的人工鱼礁

用废轮船做的人工鱼礁

小故事 南海Ⅰ号

在背山面海、风光宜人的广东阳江海陵岛十里银滩风景区西面，坐落着广东海上丝绸之路博物馆，馆内珍藏着沉寂于海底800多年的宋代商贸海船"南海Ⅰ号"。"南海Ⅰ号"带着我们穿越千百年时光，让湮没800多年的历史文物，连同

广东海上丝绸之路博物馆

昔日的沧桑与华彩、磨难与辉煌和漫长而曲折的海上丝绸之路，展现在我们面前。

游客在博物馆里可以通过地下一层的水下观光廊透明墙壁环绕参观沉睡在巨型玻璃缸中的"南海Ⅰ号"。"南海Ⅰ号"古船是尖头船，长度为30米以上，宽度接近10米，船身（不算桅杆）高4米，排水量约600吨，载重可能近800

"南海Ⅰ号"沉船

吨，这艘沉没海底近千年的古船船体保存相当完好，船体的木质仍坚硬如新，它是迄今为止世界上发现年代较早、船体较大、保存较为完整的远洋贸易商船。专家从船头位置推测，当时这艘古船是从中国驶出，赴新加坡、印度等东南亚地区或中东地区进行海外贸易。

古船中打捞出金银器、锡器和陶瓷器等珍贵文物200多件。经鉴定，瓷器主要源于中国福建、浙江、江西等地，其中一条鎏金腰带，在国内从未出土过，疑是外国物品。这一意外发现，立刻引起了考古学界的瞩目。据中国考古专家判断，这艘沉船极有可能与"海上丝绸之路"有关。这艘沉船的出现，对研究"海上丝绸之路"的历史、造船史、陶瓷史、航海史、对外贸易史等都有极为重要的科学价值。

鎏金腰带

七、成功的治理经验

人类在对海洋进行开发与利用的过程中，也伴随着给海洋资源带来的过度利用与污染问题，面对这些问题，世界各国都有不同的治理经验。

经验 1：法律监管型——美国对海洋垃圾的治理

19 世纪中叶，美国进入工业社会后，随着城市化的进程，人口越来越密集，人们开始向海洋倾倒垃圾。这些进入海水的垃圾并没有真正消失，大量不会沉底的垃圾会浮在海面，随海浪或海流漂到海岸，冲上海滩，形成污染，给美国东西岸海边居民和海岸城市管理者造成困扰。同时，这些海洋垃圾污染海域水质，危害到鱼类、贝类、珊瑚等海洋生物的生存及海上活动者的健康。特别是 1987 年和 1988 年的夏天，纽约长岛、新泽西等地的大西洋沿岸海滩因出现大量垃圾而关闭的事件，引起了美国民众强烈的不满。

在"利用海洋的前提是保护海洋"的共识下，美国先后出台了《海洋倾倒法》《防止倾倒废物和其他物质污染海洋的公约》《联合国海洋公约》等法规，从海洋垃圾倾倒治理开始，对海洋污染从法律层面进行监管，以有效防止海洋污染。

经验 2：预防型——德国对不莱梅港海洋环境的保护

德国不莱梅港位于威悉河的入海口，现有Ⅰ、Ⅱ、Ⅲ号货柜作业区，共长 3 千米，港区水深 145 米，可停泊第六代"超级巴拿马"。

该港是德国主要的集装箱货运港、德国最大的汽车出口港。

港口管理部门高度重视港口建设工程对海洋生态环境影响的保护工作。如正在新建的Ⅳ号货柜作业区在建设之前，就开展了工程环境影响评价。由于该工程会使89公顷的自然滩涂消失，16公顷湿地损失，在生态方面会影响海洋生物、陆地生物、鸟类的生存。因此，港口管理部门需要对海洋生物（游泳生物、底栖生物、浮游生物）的种类、数量、分布、密度等，潮间带生物（海京、贝类、多毛类、甲壳类等）的种类、数量、分布、密度等，陆上生物的种类、数量等，湿地鸟类的种类、数量、行为等进行详细的调查，并定期设置4个观测站，对可能影响的生物进行定期与不定期的监测。在此基础上提出的生态环境保护、恢复措施是在港口附近的滩涂上进行修复工程，该修复工程实质上是建立湿地自然保护区，并建设一系列的配套工程，同时进行修复跟踪监测。

第六章 宝贵的能源

在人类发展史上，每一次能源革命都推动着社会的发展。远古时期的钻木取火，使人类社会由石器时代进入铜器时代、铁器时代，从此人类迈开了大发展的步伐。到 17 世纪至 18 世纪，煤炭能源的使用，蒸汽机作为动力机械，推动人类社会步入了工业社会。从 19 世纪 70 年代开始，随着石油能源的使用，电动机、内燃机、汽轮机作为动力机械，推动人类社会步入了后工业化社会。目前，随着太阳能、风能、海洋能、生物能等新能源的使用，人类社会步入了生态社会。

钻木取火　　　　蒸汽机　　　　　内燃机　　　　　风能

一、什么是能源

能源是能量的来源或源泉，是可以从自然界直接取得的具有能量的物质，如煤炭、石油、核燃料、水、风、生物体等；或从这些物质中再加工制造出的新物质，如焦炭、煤气、液化气、煤油、汽油、柴油、电、沼气等。因此可以说，能源是能够提供某种形式能量的物质，即能够产生机械能、热能、光能、电磁能、化学能等各种能量的资源，它是大自然赋予人类的宝贵财富，是支撑人类社会生存与发展的基石，是国民经济的重要物质基础。

煤是埋在地下的古代植物遗体，经过长时期的地质作用形成的。几百万年以前，地球上的气候比较温暖，分布着大面积的湖泊和沼泽，生长着很多树木，由于地壳运动，树木被埋藏在地下。长期与空气隔绝，它们并没有完全腐烂，经过奇妙的生物化学作用之后，就变成了今天的煤。

石油是古代由有机物转变而来的。在古老的地质年代，生活在海洋和大型湖泊里的大量动植物死后被埋在泥沙下，在缺氧

的条件下逐渐分解变化。随着地壳的升降运动，它们被埋在厚厚的岩层里，经过高温、高压和漫长的转化，最后变成了石油，并在穹隆形的地层下保存起来。

地热能来自地球内部的熔岩，并以热力的形式存在，是引起火山爆发及地震的能量，它是一种新的洁净能源。由于地球内部的温度高达 7000℃，热力透过地下水的流动和熔岩，被转送至

较接近地面的地方，加热了的水最终会渗出地面。在很早以前，人类就通过温泉沐浴、温泉医疗、利用地下热水取暖、建造农作物温室、水产养殖及烘干谷物等方式利用地热能，目前，随着科学技术的发展，地热能运用于发电。

太阳能来自太阳的辐射，它是由太阳内部氢原子发生氢氦聚变释放出巨大核能而产生的，是一种新兴的可再生能源。自古以来，人类就利用太阳光来晒干物件，并作为制作食物的方法，如制盐和晒咸鱼等。目前，随着科学技术的发展，太阳能广泛应用于光热、发电、光化、燃油等方面。

生物能源是从生物质得到的能源，是一种可再生的洁净的绿色能源。生物质包括植物、动物及其排泄物、垃圾及有机废水等几大类。人类在远古的时候就通过钻木取火、伐薪烧炭等方式使用生物能源。目前，随着化石燃料储量逐步下降、环境保护压力日益严峻，生物燃料受到各国政府的高度重视，其类型主要是燃料乙醇、生物柴油、生物沼气、生物丁醇、微藻制油、生物质发电等。

知识卡 能源的分类

根据不同的划分方式，能源也可分为不同的类型。

按能源的来源分，可分为：来自地球外部天体的能量（主要是太阳能），来自地球本身蕴藏的能量，来自地球和其他天体相互作用而产生的能量。

按能源的基本形态分，可分为：一次能源和二次能源。其中，一次能源是在自然界现成存在的能源，包括再生能源和非再生能源，如煤炭、石油、天然气、水能等；二次能源是由一次能源加工转换而成的能源产品，如电力、煤气、蒸汽及各种石油制品等。

按能源的性质分，可分为：有燃料型能源和非燃料型能源。其中，有燃料型能源主要包括煤炭、石油、天然气、泥炭、木材等，非燃料型能源主要包括水能、风能、地热能、海洋能等。

根据能源消耗后是否造成环境污染分，可分为：污染型能源和清洁型能源。其中，污染型能源主要包括煤炭、石油等，清洁型能源主要包括水力、电力、太阳能、风能以及核能等。

根据能源使用的类型分，可分为：常规能源和新型能源。其中，常规能源主要包括一次能源中可再生的水力资源和不可再生的煤炭、石油、天然气等资源，新型能源主要包括太阳能、风能、地热能、海洋能、生物能以及用于核能发电的核燃料等。

小故事 钻木取火

12,000 年前，我国昆仑山上多白石，白石积聚之处，少草木，唯一能在石头上生长的树，叫燧木。燧木有个特点，只有树干，没有皮，有树枝，没有树叶。有一天，昆仑山中来了一只鸟，后世管它叫毕方，

燧人氏取火

毕方这种鸟有一个习惯，它的嘴特别尖，喜欢啄木头，当毕方啄木之时，那树竟生起火来。这时，生活在古昆仑山上的一个族群的智者看到鸟啄燧木时产生火苗，受此启发，他拿着燧木也试着钻，想尽办法终于钻出了火，发明钻木取火的族群也因此被称为燧人氏族。后来，燧人氏族跟昆仑山上另外一个族群最后融合成一个族，这个族叫羌族，今天还有这个族群存在。钻木取火是根据摩擦生热的原理产生的，因为木原料本身较为粗糙，在摩擦时，摩擦力较大会产生热量，加之木材本身是易燃物，所以就会生出火来。

二、能源给我们带来的便利

煤和石油浑身都是宝，它们不仅是一种重要的能源，还是一种重要的工业原料。它们不仅可以用来生火取暖，做饭炒菜，也可以用来发电，更是重要的化工原料和燃料动力资源。

石油的用途

煤的用途

岭南地区高温多雨，作物四季繁茂，制作沼气的原料充足，产气率高，一年四季都能产气使用。使用沼气，农民不再需要上山砍柴，杜绝了农民为获取柴薪而破坏山林，导致水土流失的现象，有利于保护森林，绿化荒山；使用沼气，可以改变

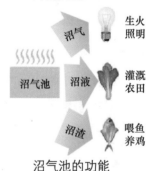

沼气池的功能

以往许多农村"砍柴做饭烟熏眼，粪水蚊蝇满庭院"的落后状况，可以保护环境、美化环境。

19世纪80年代的广东潮州、梅县一带，是我国最早使用沼气的地区。目前，广东省约有超过144万户农村家庭具备发展沼气的条件，广东省每年新增6万个沼气池，可为沼气农户新增经济效益1.2

亿元，还可以每年保护 30 万亩山林免遭砍伐。沼气作为一种可再生的清洁能源，在农村地区正发挥着它巨大的潜力。

知识卡 能源需求

据国际能源署（IEA）发布的《世界能源展望2015》预测，2040年全球能源消费增长1/3，增量全部来自非经合组织国家，如印度、中国、非洲、中东和东南亚；而经合组织国家能源消费下降，如欧盟较2007年峰值下降15%，日本下降12%，美国下降3%。在全球能源结构中，非化石能源占比将从现在的19%提高到25%，而化石能源中仅天然气份额增加。同时IEA预计，到2040年，可再生能源发电在欧盟的份额会达到50%，在中国和日本会达到30%，在美国和印度会超过25%。相比之下，在亚洲之外，煤炭在电力供应中的份额不足15%。

全球能源需求将在 2030 年时增长 53%

《2006 世界能源展望》报告中国际能源机构——

预计全球石油日需求量

	目前	到 2030 年
	8400 万桶	1.16 亿桶

到 2030 年

原油价格可能 超过 100 美元桶

今后 25 年

世界各国将需要在电力、石油和天然气及相关领域投入 20 万亿美元

全球在石油和天然气领域的投资

2005 年	2000 年
2400 亿美元	2000 亿美元

| 3000 | 6000 | 9000 | 12000 | 15000 (TWH) |

可再生能源
煤炭
天然气
核能
石油

■ 2014 年
▓ 到 2040 年的变化
其中：
水电　风能　光伏　其他

IEA 认为，受政策支持的持续推动，可再生能源在 2030 年左右，将占全球新增装机容量的一半，取代煤炭成为最大的发电来源。

全球能源需求预测　　　　　　全球发电方式的变化

中国作为世界上最大的发展中国家，是一个能源生产和消费大国。能源生产量仅次于美国和俄罗斯，居世界第三位；基本能源消费占世界总消费量的1/10，仅次于美国，居世界第二位。同时，中国又是一个以煤炭为主要能源的国家，发展经济与环境污染的矛盾比较突出，近年来能源安全问题也日益成为国家生活乃至全社会关注的焦点。

 知识卡 亚洲第一大海岛风电场——南澳风力发电场

广东汕头市的南澳岛位于闽粤之交，台湾海峡喇叭口西南端，是中国有名的"风柜"。在云海边的大王山、松岭山、竹笠山、葫芦山等山峰上，耸立着一根又一根白色的巨柱，

南澳风力发电场

片片巨大的风轮叶随风旋转，百部风机组成的风车阵，构成了一幅美丽的大自然和高科技相结合的奇特风景线，使它不仅成为亚洲第一大海岛风电场——南澳风力发电场，也是集观光、游览、科教于一体的高科技环保生态型旅游景点。南澳风力发电场建于1989年，是我国首座海岛风能发电站，南澳风力发电场经过10多年的发展，从荷兰、丹麦、美国等国引进安装135台风力发电机，年可发电13,137万千瓦时，成为亚洲最大的海岛风电场，年产值近7000万元。

三、我们身边的能源

目前，世界使用的能源主要是石油、天然气和煤。而根据国际能源机构的统计，假使按目前的势头不加节制地发展下去，地球上

原油、天然气、煤炭三种能源供人类开采的年限，分别只有 45 年、61 年和 230 年了。虽然我国是能源的生产大国，但也是能源的消费大国，随着社会经济的高速发展，能源紧缺问题也非常严重。如广东是资源能源紧缺大省，每年需要从外省调入或进口大量资源能源，特别是珠三角地区 100% 的煤炭和 86% 的成品油需要从省外调入或进口。但随着科学技术的发展，以太阳能和风能为代表的新能源，既不会像煤和石油一样有耗尽的一天，也不会像煤和石油一样在燃烧时产生废气而污染环境，同时也能缓解人类的能源紧缺危机。

岭南地区冬暖夏热，大部分地区全年日照时间长。如广东大部分地区全年日照时间超过 3000 小时，一年之中有 4/5 以上的白天具有采集太阳能的条件，太阳能利用的条件十分优越。同时，广东还是全国开展太阳能研究开发工作最早的省份之一。

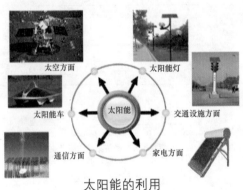

太阳能的利用

太阳每秒钟照射到地球上的能量大致相当于 500 万吨煤产生的能量，大约 40 分钟照射在地球上的太阳能，便足以供全球人类一年的能量消费。目前，太阳能正在各领域广泛应用。

岭南地处中国东南部，海岸线漫长。如广东省大陆海岸线总长约 4114.4 千米，位列全国第一，海域面积 41.93 万平方千米，沿海风能资源达到 3 ～ 6 级，年平

风力发电

均风功率密度为 300 ～ 600 瓦每平方米，堪称全国海上风能资源最丰富的地区之一。

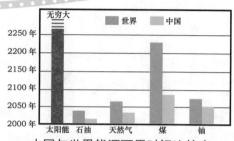

中国与世界能源可用时间比较表

知识卡 中国能源的现状

能源资源是能源发展的基础。我国能源资源有以下特点：能源资源总量比较丰富，其中以化石能源资源为主；人均能源资源拥有量较低，在世界上处于较低水平；能源资源分布不均衡，煤炭资源主要蕴藏在华北、西北地区，水力资源主要分布在西南地区，石油、天然气资源主要蕴藏在东部、中部、西部地区和海域；能源资源开发难度较大。

随着中国经济的较快发展和工业化、城镇化进程的加快，能源需求不断增长，难以满足持续增长的消费需求。主要矛盾表现在：资源约束突出，能源效率偏低；能源消费以煤为主，环境压力加大；资源蕴藏

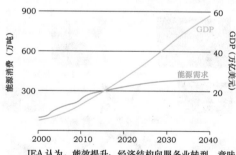

IEA 认为，能效提升、经济结构向服务业转型，意味着中国单位 GDP 产出所需要的能源消耗越来越低。

中国能源需求变化

与能源消费地域存在明显差别；市场体系不完善，应急能力有待加强。

鉴于我国能源资源的特点与需求矛盾，我国要实现经济社会的可持续发展，必须走节约资源的可持续发展道路，高度重视能源科技的发展，并与世界各国一道，为维护世界能源的稳定和安全，为实现互利共赢和共同发展，为保护人类共有的家园而不懈努力！

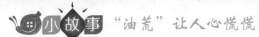

"油荒"让人心慌慌

城乡处处汽车排成长龙等候加油成为珠三角一景，"油荒"已成为广东媒体和市民议论的热点。

车辆停在加油机旁边的李司机说："我排了一个多小时的队，好不容易排到了，可油也卖完了。现在车子一点油都没有了，只能在这里等。"钟司机说："刚刚从珠海回来，100多千米的路上都没加到油。油量警报灯都亮了，提心吊胆开回广州。"一个单位的一台汽车跑了5个加油站，排了三次长龙，因为许多油站规定每台车限加10升，从晚上9点等到第二天凌晨2点，油箱还没加满⋯⋯

"油荒"

四、我们面临的能源危机

在第三届世界环保大会上，委内瑞拉中国贸易商会主席曾表示，如果可再生能源的利用不取得重大进展，2030年将会爆发全球性的能源危机，能源的价格还要大幅度上升。2011年，世界各国包括我国部分地区，成品油流通已出现"断油"现象。受国内外油

广东闹"油荒"导致加油的车辆成车龙

价上调等因素影响，各地出现"油荒"现象。世界能源危机产生的原因如下：

（1）能源结构的不合理。20 世纪 70 年代经历石油危机后，世界各国纷纷加强了对太阳能、核能等新能源的开发和利用。

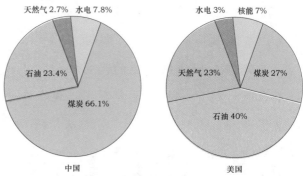

中国与世界能源消费结构

但总体上，其他能源消耗比重还很低，不足以根本改变原有的以石油、天然气消耗为主体的结构类型，而这些能源是不可再生的，愈用则愈少，而且面临枯竭的境地。

（2）能源消费在地区分布上不平衡。能源主要分布在发展中国家，发达国家分布较少。如石油主要分布在中东地区、墨西哥湾沿岸、北海地区、南美的委内瑞拉、非洲的埃及和尼日利亚等。能源的消费大国主要是发达国家，发展中国家由于生产水平、生产能力较低，需求量较小。如中、美、日、韩、印虽然都是国际能源消耗大国，但是按个人消耗量计算，美国更是能源消耗大国。

（3）能源生产与需求不平衡。由于能源储量有限且在分布、开发、生产和消费上存在不均衡性，加之近半个世纪以来，世界能源消费随社会经济的发展和人们生活水平的提高大幅度增长，再加上许多国家对中东持续冲突以及世界上其他产油国局势不稳定存在忧虑，能源的供需矛盾日渐突出，特别是在石油成为世界主要能源后，某些地区的某个时间出现了某种能源满足不了国民经济发展需要的所谓"能源危机"，石油、天然气以及煤炭价格持续攀升。

（4）能源利用效率低，浪费严重。能源开发利用设备和技术落后，能源利用效率低，浪费严重，进一步加剧了能源危机。如我国能源终端利用效率仅为33％，比发达国家低约10～20个百分点，单位产品的能耗平均比发达国家高约40％。

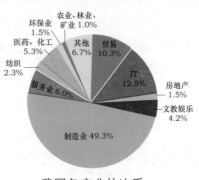

我国各产业的比重

我国能源危机的爆发和世界能源危机的产生有其相同之处，也存在差异之处，我国能源危机的产生主要有以下几个方面的原因：

（1）以制造业为主体的产业结构能源消耗巨大。2001年以来，我国进入了以重化工业为主导，工业化、城市化并举的高速增长期。到2013年，我国三大产业的比重为14.8％、51.9％、33.3％，仍以机械、钢铁和化工等需要高能源投入的行业为主，导致了能源消耗量的迅速增加，能源价格飞涨，加速了能源危机的形成。

（2）能源结构不合理。2014年，我国原煤产量居世界第一位，这一资源禀赋决定了一次能源的消费结构在较长时期内必须以煤为主。但经济发展过程中对石油、天然气需求的急剧增长必然造成供应不平衡，在石油进口依存度已超过50％并将不断增长的情况下，石油制品短缺已成为能源危机的主要表现形式。

（3）价格低廉的出口商品使能源廉价外流。1995年以后，低价质优机电产品和轻纺产品取代了资源性产品，成为我国出口支柱产品。以冶金机械、纺织设备、石化设备等为代表的出口机电产品和以石油下游产品为原料的出口纺织品能源消耗量很高，使以商品为载体的能源廉价外流。

（4）能源利用效率低。新中国成立以来，我国的 GDP 增长 10 多倍，而能源消耗同比增长 40 多倍。单位国民经济产值的能耗是日本的 6 倍、美国的 3 倍、韩国的 4.5 倍。能源利用效率低，成为我国爆发能源危机的关键因素。

（5）新能源发展速度滞后于能源需求增长速度。新能源，如核能建设投入大、关联因素多，不可能在短期内大力发展。因此，新能源的发展速度常常滞后于由于经济增长所带来的能源消耗增长速度。

问题 1：化石燃料枯竭

据资料显示，目前煤炭、石油、天然气等化石燃料估计占全球能源使用的 85% 以上，在技术与成本的限制下，预计世界石油蕴藏量只可再开采 45 年，天然气可开采 61 年，煤炭可开采 230 年，核能发电的燃料铀矿可开采 77 年，核燃料回收处理后重复利用可达 3800 多年。从资料显示可以预计，全世界依赖的主要能源——石油和天然气在 21 世纪中叶就将枯竭，随着产地蕴藏量降低甚至枯竭，全世界将面临能源价格剧烈波动等问题，将冲击世界经济发展。

问题 2：国家能源安全受到威胁

石油是工业社会最重要、最具战略性的能源与基础原料，石油危机会导致油价暴涨和经济重挫。目前，陆上石油多蕴藏在中东、北非等地区，陆上石油开采多集中在中东地区，而海上石油开采因技术等问题还处于部分开采阶段。因此，中东地区和蕴藏石油的其他地区处于世界政治、外交与军事的焦点，易使这些地区的局势不稳定。如，1980 年的两伊战争、1990 年的波斯湾战争和 2000 年的阿富汗战争，正是一些国家企图掌控这些地区的石油资源引发的，而战争也导致石油输出国和石油输入国的经济发展与能源安全受到威胁。

五、能源危机引发的担忧

人类在享受能源带来的经济发展、科技进步等利益的同时，也遇到无法避免的问题——能源短缺、资源争夺及过度使用能源造成的环境污染，这些问题严重地威胁着人类的生存与发展。

石油等能源面临枯竭

人口的不断增长，加剧了能源的消耗，人类不断地从自然界中索取资源，导致了两个方面的问题。一是人类面临着能源枯竭的危机。煤炭、石油与天然气，合计占全球现在使用能源总量的 85% 以上。但根据资料显示，在技术与成本的限制下，预估世界石油蕴藏量只可再开采约 45 年，天然气可开采约 61 年，煤炭可开采约 230 年，而核能发电的燃料源自铀矿，预估尚可开采约 71 年。由此可看出，现在全世界依赖最深的主要能源——石油及天然气，在 21 世纪的前半叶，就将日趋枯竭。二是我们生存的环境遭到破坏。环境与发展，是当代人类生存的新主题。长期以来，由于人类只求发展，不重视环境，导致了严重的环境污染和生态破坏，人类生存危机四伏，近年来由于温室效应所引发的厄尔尼诺现象肆虐就是证明。

最近几十年间，能源危机频发，如，1973年石油危机，原因：石油输出的主要力量为阿拉伯国家，他们因不满西方国家支持以色列而采取石油禁运。1979年石油危机，原因：伊朗革命爆发。1990年石油价格暴涨，原因：波斯湾战争。2001年加州电力危机，原因：电力管制政策失败，加上供给小于需求。2005年石油价格上扬，原因：供需关系失调。2010年英国石油抗议活动，原因：英国油税已高居不下，而原油价格却又上扬。

实例：广东"油荒"

2005年到2007年期间，大多数广东人谈论得最多的却是"严重缺油"问题。不仅广州、深圳等一线城市用油紧张，就连中山、汕尾等用油相对较少的城市，也同样存在着"加油难"等"油荒"现象。

"油荒"期间，广州加油站外等待加油的车大排长龙

"没得加、限量加或加不到想要的型号"，这是"油荒"时期广东人普遍遇到的现象。市民纷纷反映"加油难"，如此看来，这次"油荒事件"确确实实影响到了广东许多人的日常生活。关于造成此次广东"油荒"的原因，据说主要有以下几种：进口链断裂、台风的影响、其他原输油省份减少供应等。然而事实上，此次广东的"油荒"事件，绝不是偶然的突发事件，事实上已彻底折射出了我国用油量飞速提升，却油源匮乏的能源矛盾。它已狠狠地为国人敲响了关于"能源危机"的警钟，这一次"狼"真的已经来了！

六、节约能源在行动

面对即将到来的能源危机，全世界必须采取开源节流的战略，一是强化能源危机认识，二是开发新能源，改善能源结构，三是改变现有产业结构，减少能源消耗。对于我国来说，由于我国科学技术水平低，在国际竞争中处于弱势，要建立自身的能源安全供应体系，所面临的任务就更加紧迫而艰巨。

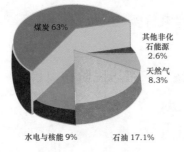

2015 年我国能源结构调整

2010 年我国能源消费比重

我们生活的岭南地区，社会经济高度发达，能源的利用在经济发展中起着重要的支撑作用。但随着社会经济发展对能源需求的不断增大，能源矛盾日益突出，已经威胁到社会经济的安全，因此节约能源要从我们自己做起。

电是我们日常生活与生产中不可缺少的能源，但随着我国能源的日益紧张，只有节约用电，才能减少对煤、石油、天燃气等不可再生资源的消耗和环境的污染。生活中，一只 1000 瓦的电灯泡亮 1 个小时所消耗的电能叫 1 千瓦时，习惯上我们称为 1 度电。

1 度电的作用可不能小看啊！1 度电能将 8 千克的水烧开；如果使用电炒锅，1 度电可以烧两道非常美味的菜；1 度电能让人们使用吸尘器把普通房间打扫 5 遍。

2011 年以来，广东省用电需求稳步攀升，受电源装机不足、西部旱灾和电煤供应不足等因素的影响，广东省电力供应形势异常严峻。电力需求旺盛，电力供需形势持续紧张。

一度电的作用

广东省物价局正式公布广东居民生活用电试行阶梯电价实施方案，该方案从 2012 年 7 月 1 日起开始试行。根据该方案，广东居民阶梯电价将实行分季节的阶梯电量。每年 5 月至 10 月执行夏季标准，每户每月基准电量为 260 度；每年 11 月至来年的 4 月份执行非夏季标准，每户每月基准电量为 200 度。

阶梯电价宣传漫画

生活中，除了节约用电外，我们还需要通过低碳烹饪、节能的健身方式、使用经济型汽车等方式节约能源，提高能源的利用率，为建设节约型社会做出我们的贡献。

知识卡 家庭节能妙计

1. 空调的节能妙计。夏季空调温度设定在 26 ℃～28 ℃，冬季设定在 16 ℃～18 ℃。夏季空调调高 1 ℃，如每天开 10 小时，则 1.5 匹空调机可节电 0.5 千瓦时。在开空调时，配合电风扇低速运转，既有舒适感，又能节电。

2. 冰箱的节能妙计。电冰箱要放在四周有适当通风空间的地方，远离热源，避免阳光直射；根据季节，夏天调高温控挡，冬天再调低温控挡；要及时清除电冰箱结霜；减少电冰箱开门次数和时间；食品应冷却至室温后再放进电冰箱。

3. 电饭锅的节能妙计。保持电饭锅电热盘的清洁，因为电热盘附着的油渍污物，时间长了会炭化成膜，影响导热性能，增加耗电。

4. 灶具的节能妙计。灶具要放在避风处，或加挡风圈，防止火苗偏出锅底；灶具架子的高度应使火焰的外焰接触锅底，可使煤气的燃烧效率最高；使用直径大的平底锅比尖底锅更省煤气。

5. 微波炉的节能妙计。使用微波炉加工食品时，其上加一层无毒塑料膜或盖子，使被加工食品水分不易蒸发，其味道好又省电。

6. 电灯的节能妙计。用节能灯代替白炽灯，因为节能灯比白炽灯节电70%~80%，寿命是白炽灯的8~10倍。

7. 家用电器的节能妙计。许多家用电器设备停机时，其遥控开关、持续数字显示、唤醒等功能电路会保持通电，形成待机能耗，这如同家庭昼夜常开了一盏15~30瓦的灯，因此家用电器不用时要切断电源。

8. 门窗的节能妙计。加强门窗的密封性，或将单层玻璃窗改为隔热双层玻璃窗，可以加强保温和隔音，节省空调电耗5%左右。

小故事 神奇的沼气

我们经常看到，在沼泽地、污水沟或粪池里，会有气泡冒出来，如果我们划着火柴，就可以把它点燃，这是自然界天然产生的沼气。

沼气，是各种有机物在适宜的条件下，经过微生物的发酵作用产生的一种可燃烧气体。沼气不仅是一种优质的燃料，还是农村的

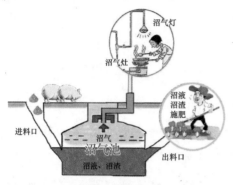

沼气的产生及用途

清洁能源。制取沼气的原料主要有人畜禽的粪便、农作物秸秆、杂草、树叶等。一个三口之家的农户，只要养猪超过3头，就可实现烧饭、冲凉等日常所需能源的自给自足，而无须再购买煤气，这就是沼气的神奇效果。

七、成功的解决经验

能源危机向世界各国敲响了警钟，世界各国根据本国的国情，总结了一些解决能源危机的经验。

经验1：主动节能之路——美国

美国是一个能源消耗大国，面对能源危机，在2005年8月初，美国前总统布什签署了一份新的能源法案。这份长达1724页的法案，首次从立法上提出了促进消费者节约能源、使用清洁能源的可行措施。新能源法推出了一个13亿美元的个人节能消费优惠预算方案，同时还把"能源之星"计划推向普通家庭。"能源之星"是美国环保局推出的商品节能标识体系，符合节能标准的商

美国田园风光

品会贴上带有绿色五角星的标签，并进入美国环保局的商品目录得到推广。这一计划开始于电脑和办公设备，随后这一标识体系扩展到家用电器、照明、空调设备等方面，甚至包括新建住宅和商用房屋等。

经验2：立法保障与政策引导并举型——英国

面对能源危机，英国在提高能效方面有一系列的立法保障和政策引导。在企业方面，政府每年拿出5000万英镑的"能源效率基金"，鼓励企业节约能源。在家庭方面，英国实行"绿色房屋"计划，鼓励居民采用环保技术建造或装修房屋，住宅将采用太阳能电池板、洗澡水循环处理装置和无污染涂料等，每家每户可安装蒸汽发电机。条件许可的情况下，每户花园里最好架一座风车，利用风能发电，以达到每家的电可以自给自足。在城市照明方面，英国城市里彻夜灯光照明现象很少见，大型公司和政府部门都没有华丽的"照明工程"，大多数店铺橱窗的灯在打烊后就全部关闭，就连首相府所在的唐宁街也换上了节能灯。

第七章 频发的自然灾害

自然为人类提供了美丽的生存环境，自然为人类提供了丰富的生存资源，自然孕育了人类文明的诞生与发展……可是，自然在哺育与滋养人类生存和发展的过程中，也会通过台风、海啸、地震、洪涝、泥石流等灾害方式向人类频频地大发脾气，表示自己的不满。自然为什么会向人类频频"大发脾气"？当自然"大发脾气"时会对人类产生哪些危害？当这些危害产生时我们应该怎么办？

一、什么是自然灾害

自然灾害是指自然界中所发生的异常现象，这种异常现象会给周围的生物和人类社会造成灾害。自然灾害包括洪涝、干旱、台风、风雹、雪灾、沙尘暴、火山、地震、山体崩塌、滑坡、泥石流、风暴潮、海啸等。

自然灾害主要表现为：分布上遍布全球，发生时间、地点和规模具有不确定性，发生呈现一定的周期性，损害结果呈现不可重复性，在区域间具有联系性，造成的危害具有严重性，人的智慧可减轻灾害的危害程度。

进入 21 世纪后，人类社会经济科技都取得巨大的进步，同时人类也必须面对一个有目共睹的事实：最近几年世界各国自然灾害和人为灾害爆发越来越频繁，灾害的危害也越来越严重。近几年，中国和世界各国爆发的重大自然灾害包括地震、雪灾、风暴、洪水、飓风和海啸等，无数人因此失去了生命。

知识卡 21 世纪世界十大自然灾害

1. 印度洋地震海啸，震级达到9.3，2004年12月26日发生，死亡失踪人数约30万人。

2. 海地大地震，震级7.3级，2010年1月12日16时53分发生，22.25万人死亡，19.6万人受伤。

百年不遇洪水袭击巴尔干半岛

此次地震后果最惨：人民吃泥土饼子。

3. 缅甸风灾，特强气旋风暴纳尔吉斯造成，中心最大风力达16级，2008年5月2日发生，90,000人死亡，56,000人失踪。

4. 中国汶川大地震，里氏8.0级，2008年5月12日14时28分04秒发生，69,227人遇难，374,643人受伤，17,923人失踪。

5. 南亚克什米尔大地震，里氏7.6级，2005年10月8日发生，死亡人数超过7.3万，近7万人重伤。

6. 巴尔干半岛洪水，三天之内下了常年3个月的雨，发生于2014年5月18日，死亡人数超过35人，数万人撤离家园。

7. 中国南方雪灾，2008年1月10日发生，死亡129人，失踪4人，紧急转移安置166万人，受灾人口超过1亿人。

2008年南方雪灾中被毁的竹林

8. 东日本大地震，里氏9.0级地震并引发海啸，2011年3月11日，当地时间14时46分发生，1570人死亡，2846人失踪，5948人受伤（其中228人重伤），另外有2688人在安置区因伤情恶化和精神压力等原因死亡。

9. 台风"海燕"，为超强台风，2013年11月发生，死亡5500人，失踪1759人，受伤26,136人。

10. 卡特里娜飓风，为5级飓风，2005年8月发生，至少死亡1836人。

小故事 地震无情人有情

2013 年 4 月 20 日，一场突如其来的地震给四川雅安造成重大人员伤亡。国家主席习近平和国务院总理李克强在雅安地震发生后指示："要求抓紧了解灾情，把抢救生命作为首要任务，千方百计救援受灾群众，科学施救，最大限度减少伤亡，同时要加强地震监测，切实防范余震带来的次生灾害，妥善做好受灾群众安置工作，维护灾区社会稳定。" 李克强总理乘坐专机在抵达四川邛崃后，马上改乘直升飞机赶赴震中……

地震发生后，人民子弟兵、基层党员干部、公安民警、医务工作者、志愿者……全国各地的救援队伍纷纷集结、突进雅安。其中一辆载有 17 名官兵的救灾车辆，在赶赴灾区途中，于萦天路翻下山崖坠入河中，1 人牺牲，1 人病危。他们用忘我的精神和对灾区同胞的深情，谱写着人间大爱。

在通往灾区的路上，两条生命通道全部开启，一条从金盾路口至成雅高速零公里处，一条从 2.5 环至成温邛高速入口，私家车不得驶入，一切让救援车辆先行。震后雅安方面急需血液，雅安市民自发走向街头献血，体现了全国人民的血脉亲情。

"雅安平安""祈福雅安"等贴文成为网上最受关注的热贴，一条条网民自发传播的"请看到救援车队的朋友，注意避让！谢谢！！让出成雅高速应急通道！！"的微博，凝聚成共抗灾难、坚强同行的情感长城……

从汶川，到玉树，再到雅安，面对灾害，我们信心不失；灾情再重，我们希望不灭。在党中央、国务院的坚强领导下，全国人民的团结奋进和无私大爱，唱响了地震无情人有情的赞歌，它化作万众一心战胜灾难的强大力量。

抗震救灾

二、自然灾害的类型与成因

　　自然灾害主要包括气象灾害、地质灾害、海洋灾害和生物灾害4种类型。常见的气象灾害有干旱、暴雨、洪涝、台风、寒潮等；地质灾害主要有地震、滑坡、泥石流、崩塌、地面塌陷、地裂缝等；海洋灾害主要包括风暴潮、海啸、海浪、海冰、赤潮等；生物灾害则包括病害、虫害、草害、鼠害等，此外，森林火灾和草原火灾也属于广义上的生物灾害。

自然灾害的形成主要受自然异变和人为影响两大因素的影响，它的形成过程有长有短，有缓有急。如台风，它是形成于热带或副热带海面温度在 26℃ 以上的广阔海面上的热带气旋。在气象学上，按世界气象组织的定义，热带气旋中心持续风速在 12 级至 13 级（即每秒 32.7 米至 41.4 米）称为台风。台风具有突发性强、破坏力大的特点，

台风"天兔"卫星云图

是世界上最严重的自然灾害之一。台风在海上移动，会掀起巨浪，狂风暴雨接踵而来，对航行的船只造成严重的威胁。当台风登陆时，狂风暴雨会给人们的生命财产造成巨大的损失，尤其对农业、建筑物的影响更大。在广东，台风是主要自然灾害。由于广东省位于太平洋西岸，濒临南海，靠近全球最大的台风源，台风不仅频繁而且强度大，每年的夏秋两季影响广东的台风平均数达 9.8 个。

广东也是洪涝灾害多发区。在季风影响、台风入侵以及地形起伏的作用下，降水量在时间和空间上分配不均匀，导致多洪涝灾害。

同时，广东降水有季节分配不均、干湿明显、降水强

揭阳市惠来县洪灾现场

度大、降水利用率低等弊端。夏秋季由于降水变率大、空间分布不均且需求量大，在降水较少的年份和地区也会发生干旱，因此干旱

也是广东四季均可发生的、影响范围最广的灾害性天气。

知识卡 地震时的自救措施

当地震突如其来时，千万不要惊慌失措，要保持清醒的头脑，采取应急措施。在遇到以下情况时，你可以采取相应的措施进行自救。

当地震突发、人正在教室上课时，要在老师的指挥下迅速抱头、闭眼，躲在各自的课桌下，绝不能乱跑或跳楼。地震后，在老师的指引下有组织地撤离教室，到就近的开阔地带避震。

当地震突发、人来不及逃出住宅时，住平房的人可就近躲避在坚固的写字台下、炕沿下、床板下等。住楼房的人应尽快从大房间躲避到厕所、厨房等小房间处；当来不及逃离大房间时，应躲在内墙墙角下、家具与门框附近等处，并保护头部和呼吸安全；不要躲在楼房的外墙角，以防外墙震裂倒塌而跌出墙外；不可躲在阳台上、窗户旁或拥在楼梯口，更不可盲目跳楼以防摔伤。当主震约在20秒钟过去后，要立即撤出房

摇晃时立即关火，失火时立即灭火

间，以防接着而来的余震造成伤害。住高层楼房的人不可乘电梯逃离，为防止地震造成停电和火灾，可沿楼梯撤出。逃出室外或已在室外的人应保护头部，以防止被瓦砾等物砸伤，并迅速往广场、操场、公园等空旷安全处疏散，要躲开狭窄街道、高楼、影壁、烟囱、桥梁、高压线、变压器、河堤、水坝等危险地段。

当地震突发、人在立交桥上时，司机和乘客应迅速下车并步行下桥躲避。

当地震突发、人在影剧院、商场、学校等公共场所时，若时间允许可依次迅速撤离；在来不及的情况下，可就近躲在车床下、桌子下、舞台下、椅子下、柜台两侧等处。大地震后还有多次余震，此时不能回到尚未倒塌的建筑物内，倒塌的建筑物如发生火灾应迅速扑灭，以救出被困其中幸存的人。

当地震突发、人在街道上时，应用手护住头部，迅速远离楼房，到街心一带。

当地震突发、人被埋在废墟时，应尽可能加固自己周围的支撑物，并用连续有规律的敲击声和呼喊声求救。若救援人员未到，或者没有听到呼救信号，就要想办法维持自己的生命，防震包的水和食品一定要节约，尽量寻找食品和饮用水，必要时自己的尿液也能起到解渴作用。

小故事 抗洪线上的消防官兵

2012年5月13日凌晨1时至4时，广东韶关始兴县大部分地区骤降大雨到暴雨，辖区内9个镇不同程度受灾。始兴县太平镇石龙工业区附近的河堤溃堤，大量房屋被洪水侵袭，交通阻断，周边人民群众的生命财产安全受到严重威胁。始兴消防接到119指挥中心出动命令后，立即出动4台消防车和18名指战员火速赶往洪灾现场。

到达现场后，指挥员迅速开展现场侦察，发现一条流经民房后面的河流发生溃堤，洪水汹涌而下，周围水深已过膝盖，部分农田被淹，约有30间民房浸泡在洪水中，群众生活严重受影响。而且经过侦察后中队指挥员发现，该河流的堤坝高于周围的民房，堤坝高出地面约半米，若不及时堵住这个缺口，持续的暴雨会冲垮整个河堤，那样周边上百户村民的房屋将会被洪水淹没，生命财产安全将会受到极大的威胁。经过分析，指挥员果断下达命令，将18名指战员分为

消防官兵解救被困群众

三个攻坚组，第一组负责转移周围受洪水侵袭的群众及其财产，并负责现场的戒备。第二组负责准备挖土工具和编织袋，寻找沙堆并立即挖沙装袋。第三组坚守河堤，配合第二组将沙袋运送至缺口处。同时，中队指挥员联系当地公安派出所、气象、水利、交通、民政等部门，及时掌握研判灾情发展趋势，协调各职能部门增援。

抗洪抢险行动在紧张进行着，因为堆积的沙袋不够多，汹涌的洪水一下子就把沙袋冲走。经过多次的尝试失败后，始兴消防中队的战士们勇敢跳入水中，用身体顶住沙袋使其不被冲走，同时找来木桩，在缺口处打入十几根木桩，使其牢牢固定住沙袋后消防战士才上岸。经过始兴消防中队全体官兵近一个小时的奋战，终于把缺口堵住。随后指挥员带领一名班长沿河巡查了一遍，在确保没有再

次溃堤的可能性后，将现场移交给派出所后归队。

三、自然灾害频发的危害

自然灾害频发会危害到人们的生命与财产安全，影响社会经济。我国是世界上自然灾害种类最多的国家。2016年1月，民政部、国家减灾委员会办公室公布：我国在2015年各类自然灾害共造成全国18,620.3万人次受灾，819人死亡，148人失踪。此外，644.4万人次紧急转移安置，181.7万人次紧急生活救助；24.8万间房屋倒塌，250.5万间房屋遭到不同程度损坏；农作物受灾面积21,769.8千公顷，其中绝收2232.7千公顷；直接经济损失2704.1亿元。

广东省是我国自然灾害较为严重的地区之一，全国44种主要自然灾害中，广东省占有40种。广东省平均每年发生的近30次比较严重的自然灾害中，气象灾害占80%以上，主要是台风，其次是伴随而来的洪涝，粤东、粤西有时会有旱灾，粤北会有霜冻。

实例1：暴雨袭击时

2010年5月7日开始，广东大部遭遇暴雨袭击，到10日下午为止，包括广州、韶关等地在内的7个地市约100万人受灾，直接经济损失达26亿元。

继7日之后，广东大部在9日、

强降水导致广州市内多处路面积水，影响交通

10日两天再度出现持续强降水，清远、肇庆、云浮、惠州、佛山、东莞、韶关、茂名、阳江等市出现暴雨到大暴雨降水，局部地方伴有8~9级短时雷雨大风，具有"范围广、强度强、时间长、雷雨频繁"的特点。持续的强降水给上次受灾地区带来更大压力，来自广东省水利厅的数据显示：截至10日下午，广州、韶关、河源、东莞、梅州、惠州、清远等7市38个县市305个乡镇遭受不同程度的洪涝灾害，农作物受灾面积85千公顷，倒塌房屋近1万间，受灾人口约100万人，转移人口8.72万人；共造成全省死亡16人，6人失踪；直接经济总损失达26亿元。

实例2：2009年广东严重干旱导致300多座水库干涸

根据广东防总的数据，2009年10月我省平均降雨量为24.7毫米，比常年同比偏少六成五，其中位于旱情严重的北部地区和西部地区，北江流域降雨量偏少九成六，东江流域降雨量偏少九成五，韩江流域偏少九成三。而旱情相对较轻的西江流域（广东省内），降水也同比偏少了六成三。大幅的降水减少导致广东水库蓄

干涸的水库

水量大幅下降，造成全省310座小型水库干涸，32.5万人饮水受影响。在旱情严重的粤北韶关，当地8—10月连续86天基本无雨，全市备受骄阳炙烤，土地干渴难耐，旱情四处蔓延。统计显示，该市最高峰期受旱面积达36万亩，因旱出现饮用水困难达6万人。

四、我们的预防行动

　　人类虽然还不能完全阻止自然灾害的发生，但人类有能力通过科技创新与团结合作，进一步认识自然、适应自然，提升预警、防灾减灾、救助和恢复重建的能力，将自然灾害造成的损失减少到最低限度。我国于2011年正式发布了《国家自然灾害救助应急预案》，以确保突发重大自然灾害时，有完整的救助体系和运行机制、规范的应急救助行为，提高应急救助能力，最大程度地减少人民群众生命和财产损失，维护灾区社会稳定。广东省在2010年也颁布了《广东省自然灾害救助应急预案》。面对岭南地区频发的台风、暴雨和干旱等自然灾害，我们在日常生活中应如何预防，以增强自身的防灾抗灾能力呢？

　　对台风的预防：（1）检修房屋，如住所地势低洼，有淹水之虞，应及早迁至较高处；（2）屋外、院内各种悬挂物应及时取下收

藏，防止零星物件被风吹起伤人；（3）庭院、阳台花木均应移至室内或加支架保护，并修建树枝，以防折毁或毁损房屋；（4）关闭非必要开启的门窗，及时清理排水管道，保持排水畅通。

渔船回港避台风

　　对暴雨的预防：（1）暴雨持续过程中，应确保各种水道畅通，防止垃圾、杂物堵塞水道，造成积水；（2）暴雨来临前，城乡

居民应仔细检查房屋，预防雨水淋坏家具或无处藏身，预防雨水冲灌使房屋垮塌、倾斜；（3）暴雨来势凶猛，一旦家中进水，应立即切断电源，防止积水带电伤人；（4）暴雨多发季节，要注意随时关注天气预报预警信号，合理安排生产活动与出行计划，尽量减少外出；（5）山区大暴雨有时会引发泥石流、滑坡等地质灾害，因此出行要尽量远离危险山体。

对干旱的预防：（1）兴修水利，搞好农田基本建设；（2）深耕改土，增强土壤蓄水能力；（3）选育抗旱品种，提高抗旱能力；（4）绿化荒坡隙地，改善生态环境。

知识卡 自然灾害与地球内部应力

自然资源不断加速开采，造成了地球内部应力变化快速升级，使得近几年来全球各地区自然灾害频繁发生。由于人类过度开发地下矿产资源和地下水，改变了原始岩层圈的应力结构，从而造成了地球内部的多"空洞"现象。"空洞"效应则会导致地球的结构应力变化。因为，在地球形成的初期阶段，其内部的岩层结构属于自然受力作用下的均衡状态，岩层中的各种矿产资源与岩层之间为整体结构，共同承载着地心的引力、离心力、地表的重力以及星际引力。当"空洞"产生后，则会打破地球内部岩层结构的均衡状态，降低岩层对地球离心力和星际之间引力等变化的抗力，最终将导致人为的地球多灾害性变化，使新的岩层断裂带数量不断攀升。火山、地震、海啸、飓风等自然地质性灾害的发生率将逐年增长，严重危害人类的生存繁衍。

张衡是我国东汉时期伟大的天文学家、数学家、发明家、地理学家、文学家。张衡从小就勤奋好学，爱想问题，对周围的事物充满了好奇，总要寻根究底，弄个水落石出。16岁，他就离开家乡到

张衡画像

外地游学，曾到过当时的学术文化中心三辅地区（今陕西省西安市一带）、东汉都城洛阳等地。在洛阳，他进过当时的最高学府太学，结识了后来著名的学者崔瑗，与他结为挚友。张衡兴趣广泛，自学"五经"，贯通了六艺的道理，

而且还喜欢研究算学、天文、地理和机械制造等。

中国东汉时期，都城洛阳及附近地区经常发生地震。据史书记载，从公元89年到140年的50多年内，这些地区发生地震达33次，给人民的生命财产造成了严重的危害。看到地震后大地满目疮痍，作为太史令的张衡非常难过，他决定发明一种能监测地震的仪器，让人们在地震到来前能够做好预防。他细心地观察和记录每一次地震现象，用科学的方法分析了地震发生的原因。经过多年的反复试验，公元132年，张衡制造出了中国乃至世界上第一个能监测地震的仪器，取名为"地动仪"。地动仪是用青铜铸造而成的，形状像一个圆圆的大酒坛，直径近一米，中心有一根粗的铜柱子，外围有8根细的铜杆子，

地动仪

green

四周浇铸着8条龙，8条龙头分别连着里面的8根铜杆子，龙头微微向上，对着东、南、西、北、东北、东南、西北、西南8个方向。每条龙的嘴里含着一个小铜球，每个龙头的下面，蹲着一只铜蛤蟆，它们都抬着头，张大嘴巴，随时都可以接住龙嘴里吐出来的小铜球。当时，人们以"蛤蟆戏龙"来形容地动仪的外貌。当某个方向发生地震时，地动仪的铜杆就会朝某个方向倾斜，然后带动龙头，使那个方向的龙嘴张开，小铜球就会从龙嘴里吐出来，掉到蛤蟆嘴里，发出"当"的一声，向人们报告那个方向发生了地震。

公元133年，洛阳发生地震，张衡的地动仪准确地测到了。此后四年里，洛阳地区又先后发生三次地震，张衡的地动仪都测到了，没有一次失误。但是公元138年2月的一天，张衡等人发现，向着西方的那条龙嘴里的小铜球，掉进了下面蛤蟆的嘴里，但人们却丝毫没有感觉到地动，于是一些本来就对地动仪持怀疑态度的学者就说地动仪不准，只能测到洛阳附近的地震。过了三四天，洛阳西部甘肃省的使者来了，报告那里发生了地震。这时候，人们才真正相信张衡的地动仪不是"蛤蟆戏龙"，而是真正有用的科学仪器。从此以后，中国开始了用仪器远距离观测和记录地震的历史。

五、有效的预防经验

世界上，每天都会发生不同的自然灾害，它严重威胁到人们生命与财产的安全。为了减轻自然灾害对人类生存与发展的威胁，各国政府都采取了不同的预防措施，形成了不同的预防经验。

经验1：构建完善的法律体系型——日本

日本列岛位于太平洋板块、菲律宾海板块、欧亚板块和北美大陆板块的交界地带，地震发生频繁。据统计，全球每年有10%的地震发生在日本及其周边地区。为了减轻灾害损失，日本成为全球较早制定灾害管理基本法的国家，目前日本拥有各类防灾减灾法律50多部，政府对与防灾减灾及灾害应急等事务有关的明确规定主要涉及：各级政府乃至民众对防灾减灾负有的责任，防灾减灾组织机构的设置，防灾减灾规划的制定，发生灾害后的应急程序和职责所在，支援灾后重建的财政特别措施等。如，为了使民众能随时应对突发的地震，日本学校里专门为孩子准备了防灾头套，定期举行防灾训练，使地震发生时能有序进行自救措施。此外，很多日本家庭中都自备应急箱，包括应急食物、饮用水和一些应急用品。在地震多发的情况下，日本人民已渐渐总结出一套完整的防灾救灾程序，深入人心的防灾避灾意识，让日本人在灾难突然袭来的时候，多了几分镇定。在地震发生后的一两分钟内，政府能迅速发布地震强度、范围以及受灾程度等信息，提醒人们及时避灾。

经验2：专业化应急救援队伍型——德国

德国应急反应是由民防专业队伍完成的，德国是建立民防专业队伍较早的国家，全国除约6万人专门从事民防工作外，还有约150万消防救护和医疗救护、技术救援志愿人员。这支庞大的民防队伍均接受过一定的专业技术训练，并按地区组成抢救队、消防队、维修队、卫生队、空中救护队等。民防专业队伍的主要力量是军队、消防队或武装警察部队。

第八章 绿色的生产

　　蓝蓝的天空下飘着朵朵白云，清澈的河水中鱼虾嬉戏，绿茵的大地上鲜花绽放，雨后的彩虹架起七色桥梁，夜空的星星眨着闪亮眼睛，欢乐的人们享受着幸福生活……可是随着工农业生产的高速发展，我们的天空渐渐变得灰蒙蒙，我们的河水渐渐看不到鱼虾，我们的大地渐渐变得荒芜，我们看不到雨后七色的彩虹，我们看不到星星在夜空眨眼……

 一、什么是绿色生产

　　绿色生产是以节能、降耗、减污为目标，以生态环境保护为原则，以管理和技术为手段，实施工农业生产全过程污染控制，创造出绿色产品，以满足绿色消费，实现资源合理与循环利用的一种综合措施。随着科学技术的进步和社会经济的高速发展，绿色生产处于一个不断完善、不断更新进步的过程中。

绿色工业宣传画

　　绿色工业是在生产满足人们需要的产品时，能够合理使用自然资源和能源，自觉保护环境和实现生态平衡。它的本质是减少物料消耗和实现废物减量化、资源化和无害化，它关注健康、和谐的绿色行为和可持续绩效，它是可持续的工业发展方式。

　　绿色农业是运用先进科学技术，以促进农产品安全、生态安全、资源安全和提高农业综合经济效益的协调统一为目标，以倡导农产品标准化为手段，推动人类社会和经济全面、协调、可持续发展的农业发展方式。它主要体现为无公害农产品、绿色食品和有机食品。

绿色农业宣传画

绿色产品是 20 世纪 80 年代末期世界各国为适应全球环保战略，进行产业结构调整的产物。由于绿色生产中的绿色产品，不仅具有传统产品的基本要求，还需要符合环保的要求。因此，在绿色产品的设计过程中，需要充分考虑绿色产品功能的延伸和再利用，尽量节省原材料，减少废弃物，同时还需要考虑废弃物回收和处理的方便，提供相应的服务，以减少或消除消费者在处理废弃物时的麻烦和无意中造成的环境污染。

为了把绿色产品与传统产品相区别，许多国家在绿色产品上贴有绿色标志。该标志不同于一般商标，而是用来标明该产品属于在制造、配置使用、处置全过程中符合特定环保要求的产品类型。

我国绿色产品标志

知识卡 **实现绿色生产的主要途径**

1. 综合利用资源（原材料和能源等），开发二次资源（如利用"废渣""废气"等）。

2. 在绿色生产过程中防止物料流失，对废物要进行综合利用。

3. 改进设备和工艺流程，开发更佳的生产流程。

4. 提升产品设计，对产品结构进行调整。

5. 改进和发展绿色技术，搞好污染防范及末端处理。此外，政府加强科学管理，创建无废工业区，推广绿色生产。

小故事 **多瑙河流域污染事件**

2000 年 1 月底，罗马尼亚西北部连降了几场大雨，该地区的大小河流和水库水位暴涨。1月30日夜至31日晨，西北部城市奥拉迪亚市附近，一座由罗马尼亚和澳大利亚联合经营的巴亚马雷金矿的污水处理池出现一个大裂口，1万多立方米含剧毒氰化物及铅、汞等重金属的污水流入附近的索莫什河，而后又冲入匈牙利境内多瑙河支流蒂萨河。污水进入匈牙利境内时，多瑙河支流蒂萨河中氰化物含量最高超标700~800倍，从索莫什河到蒂萨河，再到多瑙河，污水流经之处，几乎所有水生生物迅速死亡，河流两岸的鸟类、野猪、狐狸等陆地动物纷纷死亡，植物渐渐枯萎。2月11日，剧毒物质随着蒂萨河水又流入南斯拉夫境内，两天后，污水侵入国际水系多瑙河。

对污染物含量进行检测

突然降临的灾难使匈牙利、南斯拉夫等国深受其害，给多瑙河沿岸居民带来了沉重的心理打击，国民经济和人民生活都受到一定程度的影响，蒂萨河沿岸世代靠打鱼为生的渔民丧失了生计，流域生态环境也遭到了严重破坏。根据欧盟专家小组的估计，在受污染地区，一些特有的生物物种将灭绝。有关专家说，至少需要20年才能恢复这里的生态平衡。

鱼类大量死亡

二、绿色生产的贡献

自工业革命以来，人类以高能源资源消耗为代价实现了工业化、现代化，并创造了物质财富的空前增长。但这种增长却伴随着人类生存环境的急剧恶化，自然资源在过去20年减少了30%，出现了全球变暖、臭氧层破坏、酸雨面扩大、淡水资源枯竭、森林锐减、土地荒漠化、垃圾堆积成山和有毒化学品污染等严重威胁人类生存的问题。面对这些问题，人类只有改变这种高消耗的发展模式，走"低投入、低消耗、少排放、高效率"的新型绿色生产方式，才能保护环境，保护我们的家园。

我国是一个资源约束型国家，人均耕地面积、森林面积和水资源拥有量都低于世界平均水平，而且相对短缺的资源和脆弱的环境还受到日益严重的污染与破坏。因此，建立在环境与资源可持续发展基础上的绿色生产，对我国社会与经济的发展具有重要的作用。

炼铁和炼钢操作中排放的空气污染物包括气态和有机废气、烟灰和粉尘、重金属、放射性材料和废水污染物等。钢铁工业实行绿色生产，可以减少温室气体排放和资源消耗，提高资源利用效率，并有效实现产业的转型升级，对国民经济和社会发展起到有力的支撑作用。

电子原件中含有大量的铅、镉、汞等有毒金属，由于回收和处理不当，不仅造成资源的浪费，而且严重污染环境和危害人体健康。采用环保可循环利用原材料、无铅化生产工艺的绿色电子产品和回收体系，不仅提高了资源的循环利用率，有效控制铅、镉、汞等有毒有害限用物质的含量，同时也有效解决了我国资源与环境的瓶颈问题。

绿色汽车是环保型汽车的美称，通常是指那些开发过程无污染，使用健康且安全，不会破坏环境和生态，在特定的技术标准下生产出来的汽车产品，包括新型柴油车、可变排量发动机汽车、混合动力驱动车、氢气汽车等。

农药和化肥的威力和作用巨大，使农产品质量严重下降，不利于人体健康和环境保护。实行绿色生产的农产品，不仅可以减少土地、水等的污染程度，也可以提高人体健康的水平。

知识卡 如何挑选绿色食品

有关专家介绍，消费者购买绿色食品时要做到"五看"。

一看级标。我国绿色食品发展中心将绿色食品定为 A 级和 AA 级两个标准。A 级允许限量使用限定的化学合成物质，而 AA 级则禁止使用。A 级和 AA 级同属绿色食品，除这两个级别的标识外，其他均为冒牌货。

我国绿色食品标志

二看标志。绿色食品的标志和标袋上印有"经中国绿色食品发展中心许可使用绿色食品标志"字样。

三看颜色。看标志上标准字体的颜色，A 级绿色食品的标志与标准字体为白色，底色为绿色，防伪标签底色也是绿色，标志编号以单数结尾；AA 级使用的标志与标准字体为绿色，底色为白色，防伪标签底色为蓝色，标志编号的结尾是双数。

四看防伪。绿色食品都有防伪标志，在荧光下能显现该产品的标准文号和绿色食品发展中心负责人的签名，若没有该标志便可能为假冒伪劣产品。

五看标签。除上述绿色食品标志外，绿色食品的标签符合国家食品标签通用标准，如食品名称、厂名、批号、生产日期、保质期等。检验绿色食品标志是否有效，除了看标志自身是否在有效期外，还可以进入绿色食品网查询标志的真伪。

小故事 河源稀土矿开采

矿产是人类社会的重要资源，是社会生产发展的重要物质。矿产资源的开发利用，保证了人类经济的发展，在经济建设中，95%

稀土资源被严重破坏

的能源和80%的工业原料依赖矿产资源的供给。但矿产资源是不可再生资源，它的形成要经历千百万年甚至上亿年的时间，开采、利用一点，就少一点。目前，对矿产资源的开采、利用存在着严重浪费和破坏环境的现象。在广东省与江西省交界处的河源市龙川县，是我国第三大稀土产区。稀土被称为"工业味精"，广泛应用于尖端军事、电池材料、催化剂、LED荧光粉等领域，目前几乎是无可替代的"工业黄金"。

龙川稀土非法开采后的场景

自2005年以来，随着国际稀土价格暴涨，在高额利润的驱使下，龙川境内非法开采稀土资源的现象层出不穷。如，龙川有座名叫坳背塘的小山高不过百米，稀土非法开采后，到处可见荒废窝棚，山腰上的稀土矿洗矿池盛满着青绿色的矿液，旁边堆放着大量开采稀土矿所需的化学药品"硫酸铵"；整条山谷只见裸露的黄泥，层层的洗矿池如梯田般遍布其间，留在青绿山林间的是星星点点的白色"伤疤"……

在开矿之前，大多数世代躬耕的龙川人并不知自己身在宝山；而开矿之后，"宝山"带给他们的却不是财富，而是深远的隐痛。当地村民在困窘中承受着非法采矿带来的严重后果：水土流失，植被破坏，水源污染，农田无法耕种……绿水青山不再，良田阡陌不再，非法采矿动摇了他们赖以生存的根基。

三、我们身边的绿色生产

随着人们环保意识的增强，生活质量的提高，绿色消费蔚然成风，绿色生产已成为社会经济可持续发展的风尚。

在农业方面，各种无公害蔬菜、有机大米、安全的禽畜产品和水产品为民众所青睐。岭南地区得天独厚的亚热带气候和良好的生态环境，为农产品的绿色生产提供了良好的自然条件，适宜一年四季种

绿色蔬菜

植多种作物。近年来，广东积极实施"无公害食品行动计划"，大力推广塑料大棚、玻璃温室等设施进行无土栽培、无公害蔬菜生产，大力推进农产品标准化生产综合示范区、无公害农产品标准化示范基地建设。广东农产品的安全生产，不仅为广东人民提供了安全的农产品，而且一批优质、绿色、无公害的蔬菜、瓜果等农产品远销海内外，深受消费者欢迎。

在工业方面，如水泥，在生产过程中会排放出大量的烟尘等污染物，严重污染环境，危害极大。但通过技术改造，对水泥实行绿色生产，有效地减少对大气的污染、污水排放和噪声污染。广东塔

工业清洁生产

牌集团股份有限公司通过采用生产新工艺，实行节能减排，发展循环经济，实现清洁生产，有效地保护了环境。企业在生产中注重节能降耗，选用先进的变频器、节能风机等节能设备，采用先进的煅烧技术，使用低热煤、工业可燃垃圾等燃料，减少对资源的耗用。建设纯低温余热发电装置，将水泥生产废气回收发电，每年不仅能生产大量电能，节约企业生产用电和成本，并可以大量减排二氧化碳。同时在生产中积极开展综合利用工业固体废物的实践，将矿山废石、低品位无烟煤、钢铁厂钢渣与铁渣等工业固体废物用于水泥生产。变废为宝，发展循环经济，节能减排，不仅节约了大量自然资源，降低了生产成本，还减少了环境污染，取得了显著的经济和社会效益，使厂区及周围再现蓝天和青山绿水。

鲜花陪伴生产线

知识卡　水泥生产的主要污染物

1. **粉尘**。粉尘一直被认为是水泥厂最主要的污染源，在物料的破碎、堆放、粉磨、储存、烘干、输送、烧成、包装及散装出厂等过程中产生。

2. **酸性氧化物 SO_x 和 NO_x**。水泥熟料烧成需要燃烧煤或重油等燃料，由于燃料中存在硫和氮，空气中也有大量的氮，燃烧时会产生 SO_x（SO_2 和 SO_3）和 NO_x（主要为一氧化氮 NO 和二氧化氮 NO_2）。

3. **二氧化碳**。水泥厂排出的温室气体主要指二氧化碳，水泥生产中直接产生二氧化碳气体的主要来源是煤粉的燃烧和生料中碳酸钙的分解。采用纯低温余热发电技术、控制硅酸盐水泥的总产量和开发低钙水泥、加大使用代替熟料的混合材等，都是减少二氧化碳排放量的好方法。

4. **噪声**。水泥厂的噪声主要来自磨机、空压机、罗茨鼓风机、高压离心通风机、破碎机、各种泵等设备，这些设备附近的噪声等级一般都在 90 分贝以上。

5. **废水排放**。水泥厂排放的废水主要有窑尾增湿塔喷水，回转窑、烘干机等托轮浸水槽的含油废水，化验室排出的含有微量酸、碱的废水等。

6. **镁铬砖**。对含铬耐火材料的铬污染防治要求，目前为止国内水泥厂普遍没有做到。一方面，国内耐火材料的标准还没有限制含铬量，另一方面，水泥厂内替换下来的废弃镁铬耐火材料没有专门的防污染堆积设施，当被雨水冲刷时可能会严重污染地下水。

小故事 云浮的绿色矿山

在矿产资源的利用中，要对有限的矿产资源加以保护，节约和合理利用矿产资源。依靠科技力量，不仅提高矿产资源采掘的利用率和回收率，而且从治理地表沉陷、矿井废水、矿区废气、节能减排等方面减少采矿对环境的破坏，力争形成资源节约、生态保护、

科学发展的科学采矿模式。

　　广东云浮的高枨铅锌矿是一个典型的多金属矿山。高枨铅锌矿有两大亮点：一是尾矿干排。尾矿经脱水后排到尾矿库，在尾矿库周边山体不同标高，建有多条雨水收集渠，使尾矿库里的尾矿基本保持固体状态，从而消除尾矿库溃坝的危险。这种实施尾矿干排的矿山在广东省内还是首家。二是废水零排放。生产过程中产生的废水，都将集中处理，循环利用，从而实现废水零排放，达到经济、环保的目的。同时，该矿采用的是井式开采，对山体破坏较少，能较好地保护当地的生态环境，矿山退役后，还可通过实施水土保持方案和土地复垦措施，使受到破坏的生态环境得到较好的恢复。高枨铅锌矿山在安全和环保方面都达到了国内一流水平，是一座极具示范性的绿色矿山。

四、绿色生产，美丽中国

　　改革开放30多年来，我国经济社会发展取得了举世瞩目的伟大成就。但我们也必须清醒认识到，经济的增长也付出了很大的资源环境代价，资源利用效率不高，环境污染问题越来越严重，对人民生活质量造成很大影响。推动绿色生产，既是提高能源资源利用效率，也是应对气候变化、改善我国生态环境的重要措施。

　　"美丽中国"，是人与人、人与自然和谐发展，即人民的物质条件有保障，生活质量有保障，自然生态环境持续性质量有保障。山清水秀但贫穷落后不是美丽中国，强大富裕而环境污染同样不是美丽中国。只有实现经济快速发展的同时生态环境得到改善，我们才能真正实现美丽中国的建设目标。我们不仅要建设强大富裕的中国，也要建设美丽的中国；不仅要增加GDP，也要提高生活质量，拥有健康，就要有清新的空气、清洁的水、茂密的森林、广袤的草原。建设美丽中国，不仅要实现国民经济今后的健康发展，也要保护中华民族赖以生存的生态环境。

知识卡 让美丽广东成为共建共享的美好现实

2013年，广东省委、省政府正式出台了《关于全面推进新一轮绿化广东大行动的决定》，明确提出：要围绕"三个定位，两个率先"的目标，突出抓好森林碳汇、生态景观林带、森林进城围城、乡村绿化美化等四大重点生态工程建设，全面构建北部连绵山体森林生态屏障体系、珠江水系等主要水源地森林生态安全体系、珠三角城市群森林绿地体系、道路林带与绿道网生态体系、沿海防护林生态安全体系等五大森林生态体系，力争通过10年左右的努力，将广东建设成为森林生态体系完善、林业产业发达、林业生态文化繁荣、人与自然和谐的全国绿色生态第一省。

为保障绿化大行动的顺利实施，从2014到2017年，广东省财政将新增安排专项资金19亿元，重点加强林业生态工程、基础设施和保障能力建设，力争到2015年基本消灭500万亩宜林荒山，完成1000万亩残次林、纯松林和布局不合理桉树林的改造，到2017年森林面积达到1.63亿亩，森林覆盖率达到60%，森林蓄积量达到6.2亿立方米，森林碳汇储量达到12.89亿吨，林业科技贡献率达到60%，林业产业总值超过8000亿元，森林生态效益总值达到1.59万亿元，林业生态和民生的各项主要指标在全国领先，构建全国一流水平的森林生态安全格局。

小故事 美丽乡村——顺德逢简水乡

广东顺德杏坛镇北端、锦鲤江畔有一个顺德最古老的村落，它叫逢简村。自西汉起，顺德人就在此繁衍生息，到唐朝形成了现在的逢简村，它也是历史上"桑基鱼塘"的重要基地之一。

逢简村，绕村居水道达10千米有余，辖区水道达28千米之多，水资源极其丰富，给人以水光接天、碧波荡漾、曲折迂回的感觉。

村内有石桥30多座，这些桥建筑工艺精美，桥栏上大多有雕花石像，建造朝代不一，其中两座宋代三孔古石桥见证着水乡繁华的千年历史。

走进逢简村，百余间的古屋，纵横的石板古道，交错的水道，时隐时现的小舟，遍布的古树，成片布满河畔的蕉林，落日的余晖映红片片桑基鱼塘，让你仿佛置身绿树成荫、鸟语花香、诗情画意的世外桃源。

逢简村风光

第九章 低碳的生活

　　随着社会经济的发展，人们越来越认识到生态环境对人类生存与发展的重要性，一种人与自然和谐相处的返璞归真式生活方式正蔚然成风。人们在生活中，自觉地节约资源，自觉地使用清洁能源，自觉地养成绿色生活习惯，自觉地养成绿色消费观念……我们的山更绿，我们的水更清，我们的家更美。

一、什么是低碳生活

低碳生活是一种低能量、低消耗、低开支的生活方式。低碳生活倡导我们在生活中要尽力减少所消耗的能量，特别是二氧化碳的排放量，减少对大气的污染，减缓生态恶化。低碳生活要求我们从节电、节气和回收三个环节来改变生活细节。

携手节能减排，共享低碳生活

低碳生活宣传画

2009年12月，联合国气候变化大会在哥本哈根召开，会议试图建立一个温室气体排放的全球框架，这让人们开始深刻地反思人类当前的生产和生活方式，从此"低碳"这个概念得到世界的广泛认同，并在生活中将之付诸行动。

人们用"碳足迹"来描绘每个人的低碳生活方式。碳足迹是企业机构、活动、产品或个人通过交通运输、食品生产和消费以及各类生产过程等引起的温室气体排放的集合，它描述了一个人的能源意识和行为对自然界产生的影响。如，我们每个人在日常生活中，

碳足迹标志

都会吃食物、用水、用纸、用电、度假、乘坐交通工具、丢弃垃圾……这生活中的点点滴滴都与碳排放相关。如果我们在日常生活中，在维持一定生活质量而你自己仍然开心的基础上，做到环保、节能减排，我们的地球会更美丽。

知识卡 节能减排

改革开放以来，我国经济快速增长，各项建设取得巨大成就。在经济高速发展过程中，由于经济结构不合理，增长方式没有考虑资源与环境的协调发展，付出了巨大的资源和环境被破坏的代价，使发展、资源和环境之间的矛盾日趋尖锐。如何解决这些矛盾，实现经济又好又快发展？我国颁布了《中华人民共和国节约能源法》，并指出"节约资源是我国的基本国策，国家实施节约与开发并举、把节约放在首位的能源发展战略"。在此基础上，国务院先后发布了《节能减排"十二五"规划》和《节能减排"十三五"规划》。

新能力助力低碳经济发展

节能减排是指节约物质资源和能量资源，减少废弃物和环境有害物排放，如三废和噪声等。我国在《节能减排"十三五"规划》中，提出生态文明建设的重要内容，落实创新、协调、绿色、开放、共享的发展理念，通过科技创新和体制机制创新，实施优化产业结构、构建低碳能源体系、发展绿色建筑和低碳交通、建立全国碳排放交易市场等一系列政策措施，形成人和自然和谐发展的现代化建设新格局。到2030年，实现单位国内生产总值二氧化碳排放比2005年下降60%～65%，非化石能源占一次能源消费比重达到20%左右，森林蓄积量比2005年增加45亿立方米左右。

帝企鹅是生活在南极大陆
上最脆弱的物种，也是企鹅家
族中体形最大的一种。它身披
黑白分明的大礼服，喙为赤橙
色，脖子底下有一片橙黄色羽
毛，向下逐渐变淡，耳朵后部
最深，全身色泽协调。雄帝企

成年帝企鹅

鹅双腿和腹部下方之间有一块布满血管的紫色皮肤的育儿袋，能让
蛋在环境温度低达 -40 ℃ 的低温中保持在舒适的 36 ℃。

帝企鹅居住在横贯南极山脉，罗斯海与罗斯冰棚的交接处，那
里是饱受寒风摧残的科兹岬。夏季，帝企鹅主要生活在海上，它们
在水中捕食、游泳、嬉戏，一方面把身体锻炼得棒棒的，另一方面
吃饱喝足，养精蓄锐，迎接冬季繁殖季节的到来。秋天来临，大地
覆盖上厚厚的冰雪，帝企鹅开始最特殊的生物行为——停止进食，
它们浑圆的躯体，小巧的脚、鳍和头都是为储存热量而形成的。在
冬季里，帝企鹅每天都有外出"放风"的机会，它们会趁机活动活
动筋骨。在 3 月间，气温降到 - 30 ℃，帝企鹅也准备开始步行数百

英里到冰地荒原的漫长旅行，因为
交配季节即将开始。交配后，雌企
鹅每次产 1 枚蛋，雄企鹅孵蛋。当
暴风雪来临时，气温降至 -49℃，雄
企鹅会将企鹅蛋踩在脚下，牢牢地
保护着自己的后代，直到孵出小企

帝企鹅宝宝

鹅。为了抵御酷寒，企鹅宝宝们相互依偎、紧紧地挤在一起抵御暴风雪。

可是随着温室效应增强，全球气候变暖导致海平面上升，沿海低地被淹，作为高原大陆的南极洲，沿海为数不多的低地将被海水淹没，帝企鹅的生存空间受到了威胁。原本耐寒、喜寒的帝企鹅，在全球变暖过程中，生理上将受到极大的挑战，它们无法适应越来越高的温度。随着全球气候变暖，帝企鹅在极地海域中喜爱吃的大量喜寒生物将在升温的海水中灭绝。这一切都威胁着帝企鹅的生存，最终可能导致它们走向灭绝。

二、低碳生活与环境保护

我们赖以生存的地球，由于人口的不断膨胀，消耗的能源越来越多，资源正在逐渐枯竭，自然环境和气候也逐渐恶化，沙尘暴、雾霾就是大自然对我们的惩罚。所以，我们要从自身做起，从小事做起，节约能源，绿色出行。

日常生活中，我们能走路或骑车就不坐汽车，能坐公交车就不开车。可能一次"绿色出行"路程并不是很远，节约也不是很大，但只要日积月累，坚持下去，就会有很好的成果。

绿色出行宣传海报

日常生活中，我们也要节约资源，对再生资源进行回收利用。如，广东省正在加快再生资源回收利用体系建设，已明确提出推进全省再生资源产业发展目标。优先发展废金属、报废电器电子产品、报废机电设备及其零部件、废纸和废塑料的回收和综合利用，大力推进建筑

资源回收再利用

废物以及废弃食品的循环利用。2015 年，全省再生资源综合利用量将达 3380 万吨，总产值为 1400 亿元；预计到 2020 年，这一组数字将分别为 5060 万吨和 2700 亿元。

近年来，广东省供销社系统积极推进再生资源回收利用体系建设，逐步打造集回收、交易、加工、服务于一体的再生资源产业链条，为广东加快发展循环经济、建设资源节约型社会做出了积极贡献。广州、清远等地供销社按照"统一标识、统一着装、统一价格、统一衡器、统一车辆、统一管理"的标准，在市区铺设回收站点，为城镇居民提供便捷、诚信、环保的废品回收服务。

知识卡 绿色出行

绿色出行是采用对环境影响最小的出行方式，它是一种节约能源、提高能效、减少污染，又益于健康、兼顾效率的出行方式。如，生活中我们多乘坐公共汽车、地铁等公共交通工具，合作乘车，环保驾车，或者步行、骑自行车等，都可称为绿色出行。绿色出

绿色出行标志

行的目的是降低自己出行中的能耗和污染，减少碳排放，实现环境

资源的可持续利用和交通的可持续发展。

日常生活中，我们乘坐飞机出行100千米排碳27.5千克，排量6升的轿车行驶100千米排碳4.71千克，乘坐一站地铁排碳0.1千克，地铁的运客量是公交车的7～10倍，而骑自行车的碳排放量几乎等于零。

目前，绿色出行已在我国蔚然成风。如深圳市政府主导，为达到缓解交通拥堵，实现低碳、生态、宜居宜业城市的建设目标，开展了"爱我深圳，停用少用，绿色出行"活动，活动倡导"自愿＋义务"停用少用的绿色出行模式，通过活动树立了良好的社会责任榜样，同时培养了民众绿色出行的习惯。让我们现在行动起来，绿色出行，你我同行！

小故事 可怕的汽车尾气

汽车是增长最快的温室气体排放源，全世界交通耗能增长速度居各行业之首。汽车又造成噪声污染，破坏人体健康和生态环境。汽车数量的迅速增加使道路堵塞，导致低效率，使汽车原本应带来的快捷、舒适、高效无法实现。

汽车尾气影响空气质量

据统计，2011年初，广州全市机动车拥有量已达到214.5万辆，其中汽车保有量达161万辆，私人小汽车千人拥有率已达90辆。汽车工业的发展为人类带来了快捷和方便，但同时，汽车的发展也引起了能源消耗和空气污染。以省会城市广州为例，其机动车排放的

一氧化碳、碳氢化合物和细颗粒物等已成为城市空气污染的第一大污染源。

一辆公共汽车约占用三辆小汽车的道路空间，而高峰期的运载能力是小汽车的数十倍。它既减少了人均乘车排污率，也提高了城市效率。而地铁的运客量是公交车的 7 ～ 10 倍，耗能和污染则更低。

早在 2007 年 9 月，深圳、佛山、珠海、江门、湛江和汕头等 6 个城市，与全国其他 102 个城市一起，响应建设部的倡议体验"无车日"。以广州市 100 万辆汽车为基数来计算，假如每个车主能做到每月有一天不开车出行，一年则减了 1200 万个出车日，也就相当于减少了 3.3 万辆机动车。

三、我们的低碳生活

低碳生活代表着更健康、更自然、更安全，同时也是一种低成本、低代价的生活方式，它正在潜移默化地改变着我们的生活，并越来越受到人们的追捧。生活中，我们如何做到低碳生活？

室内室外多绿化

垃圾分类处理

使用布袋购物

节约用水　　　　　　不使用一次性筷子　　　　选用通过环保认证的电器

低碳生活十则

● 拒绝塑料袋　　● 巧用废旧品　　● 远离一次性　　● 提倡水循环

● 出行少开车　　● 用电节约化　　● 办公无纸化　　● 出行多步行

● 植物常点缀　　● 争做志愿者

知识卡 全国低碳日

　　2013年6月6日，国家应对气候变化战略研究和国际合作中心召开媒体通气会，确定2013年6月17日为首个"全国低碳日"。

　　2013年，全国节能宣传周和全国低碳日活动的主题是"践行节能低碳，建设美丽家园"。主要内容是：普及应对气候变化知识，提高公众应对气候变化和低碳意识，

全国低碳日宣传海报

树立绿色低碳发展理念，提倡健康低碳生活方式，推动生态文明建设。

　　2014年，全国节能宣传周和全国低碳日活动的主题是"携手节能低碳，共建碧水蓝天"。主要内容是：以建设生态文化为主线，

以动员社会各界参与节能减排降碳为重点，普及生态文明理念和知识，推动全民在衣食住行游等方面加快向简约适度、绿色低碳、文明健康的方式转变，反对各种形式的奢侈浪费、讲排场、摆阔气等行为，形成崇尚节约、绿色低碳的社会风尚。

2015 年，全国节能宣传周和全国低碳日活动的主题是"城市宜居低碳，天人和谐自然"。主要内容是：应对城镇化发展过程中，传统发展方式带来的资源短缺、交通堵塞、环境污染、生态破坏等问题，建设一个生态文明的美丽中国。

2016 年，全国节能宣传周和全国低碳日活动的主题是"凝聚低碳力量，共筑中国梦想"。主要内容是：在生活中，我们是否也想留住那一抹"绿"。

2014 年全国节能宣传和全国低碳日宣传海报

小故事 我家的低碳达人

我家也有一位低碳达人,他就是我70岁的爷爷。爷爷辛苦操劳一辈子，视节约为传家宝。以前我总是觉得爷爷很"小气"。记得有一次，我随手扔掉一个用剩的铅笔头。爷爷看见了就摇了摇头，接着他像变魔术一样找了一个圆珠笔的塑料管套在铅笔头上。呀!一枝新潮的小铅笔在爷爷的手里诞生了。爷爷严肃地对我说："铅笔头扔了多可惜呀！你看现在不是一样用吗？"我拿着爷爷给我改造的铅笔，既喜欢又有点不好意思。从此以后，我的铅笔盒里就多了这种新潮的小铅笔。其实，爷爷对自己也很"小气"。爷爷喜欢喝茶，每次去买茶叶的时候，他一定要拿上那个锈迹斑斑的铁皮茶叶筒。我总是不解地问爷爷："这是为什么呀？茶叶店里的茶叶可都是免费包装的，而且包装精美。"爷爷说："看那些花花绿绿的包装有啥用？我喝的是茶叶！喝完茶后再漂亮的包装也是要被扔掉的，这也是不小的浪费呀！茶叶罐是可以重复利用的，一罐茶叶喝一个月，一年就是12个茶叶盒，其实完全没有那个必要嘛！"就这样，每次去茶叶店，爷爷总是直接去买散装茶叶，总是固执地把新茶叶装到旧罐里。爷爷在生活中一直很"小气"，我们家里用的全部都是度数很小的节能灯；淘完米的水从来不倒掉，总是用来冲马桶；买菜从来都用布袋子，而那些袋子有很多是用我穿小的衣服改装的……现在，当"低碳"这个词越来越多地走进我们的生活时，我对爷爷的做法也由不解变成了崇敬。其实,我的爷爷一点儿也不"小气"，爷爷就是一个低碳达人！面对有限的地球资源，我们要适应低碳生活，我也要像爷爷那样做一个低碳达人。

四、低碳生活，文明相伴

现在的人们，大都在生活中缺乏环保低碳的意识，都是按照自己的生活方式来生活，使得我们的生活环境变得越来越差。但是在这个提倡全民低碳的时代中，作为地球的一分子，每个人都应该有

保护地球、拯救地球的使命感。低碳从某种程度上来说，其实也是一种生活态度。只要我们从日常生活中的点滴小事做起，在生活细节上注意节能、

低碳生活宣传海报

减耗、环保，每个人都能过上低碳生活。倡导节能低碳环保，需要你我齐心协力！让文明相伴你我，与低碳相随一生。

知识卡 湛江最美村庄——广安村

广安村是一个人口不足200人的小乡村，走进村庄，首先映入眼帘的是村里的百年老树、纵横笔直的村道、整齐划一的庭院和各家庭院中间挂满果实的菠萝树，花果飘香，绿意盎然，黄发垂髫怡然自乐……这不是陶渊明笔下的世外桃源，而是湛江市徐闻县海安镇广安村的真实景象。

经过几年的建设，广安村已不见原来贫穷落后的面貌，成为一个村庄建设规划有序、农户家居环境优美、村容村貌焕然一新、基础产业配套齐全的村庄，呈现出一派生机勃勃的新景象。早在2005年，广安村就被评为"全国文明生态村"工作先进单位。

广安村实景

不管有没有人在家，几乎家家户户的大门都是敞开着的，广安村村长笑着说："我们大白天外出都是不用锁门的，从来没有发生过有人偷东西的事。"在广安村，

人人争当文明村民，户户争当生态文明户，文明之风在这个小村庄来回荡漾。

宽裕的生活、整洁的村容、文明的乡风，让流连在这片田园风光中的人，久久不愿离去。

小故事 广东省绿色社区——汇景新城

自2000年开发建设至今，汇景新城社区获得的奖项有60多个，其中涉及环保项目的有13项。2009年，它又荣获了"广东省绿色社区"的殊荣。

汇景新城社区周边数公里没有污染，令社区的空气质量得到了保障，社区内空气质量均达到1级清洁标准。其次，汇景新城的建筑大部分采用建设部推荐的环保材料、双层

汇景新城一角

中空铝合金隔音隔热窗，社区声环境低至35分贝，户户配备24小时智能化监控报警系统、环保空调等。汇景新城拥有3万平方米天然湖和2千米中央景观长廊，是一个优雅、宁静、舒适、人口居住密度低的生态社区。